■ ゼロからはじめる

docomo

AQUOS wish3

アクオス
ウィッシュ
スリー

スマートガイド

ドコモ AQUOS wish3 SH-53D

技術評論社編集部 著

JN052045

技術評論社

CONTENTS

Chapter 1
AQUOS wish3 のキホン

Chapter 2
電話機能を使う

Chapter 3

インターネットとメールを利用する

Chapter 4

Google のサービスを使いこなす

CONTENTS

Chapter 5
音楽や写真、動画を楽しむ

Chapter 6
ドコモのサービスを利用する

Chapter 7

SH-53D を使いこなす

AQUOS wish3の
キホン

AQUOS wish3について

OS・Hardware

AQUOS wish3 SH-53Dは、ドコモから発売されたシャープ製のスマートフォンです。Googleが提供するスマートフォン向けOS「Android」を搭載しています。

1

SH-53Dの各部名称を覚える

正面

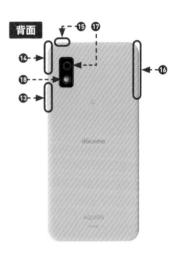

背面

❶	nanoSIMカード／microSDカードトレイ	❿	送話口（マイク）
❷	イヤホンマイク端子	⓫	USB Type-C接続端子
❸	インカメラ	⓬	スピーカー
❹	受話口（レシーバー）	⓭	5Gアンテナ
❺	近接センサー／明るさセンサー	⓮	5G／GPSアンテナ
❻	サブマイク	⓯	Wi-Fi／Bluetoothアンテナ
❼	音量UPキー／音量DOWNキー	⓰	5G／LTEアンテナ
❽	電源キー／指紋センサー	⓱	アウトカメラ
❾	ディスプレイ（タッチパネル）	⓲	モバイルライト

SH-53Dの特徴

AQUOS wish3 SH-53Dは、5Gによる高速通信に対応したAndroid 13スマートフォンです。通話、メール、インターネット、カメラなど利用できるだけでなく、SNS、音楽、動画などをアプリで楽しむことできます。また、Googleやドコモが提供する各種サービスとの強力な連携機能を備えています。本書では、AQUOS wish3をSH-53Dと表記します。

●5Gに対応

ドコモが5Gを提供しているエリア内であれば、通信速度が高速になり遅延も少なくなります。

●Googleサービス

Googleアカウントを取得して、「Gmail」「YouTube」「Googleマップ」「Googleカレンダー」「フォト」「Googleドライブ」「Googleアシスタント」などのサービスをフルに利用することができます。データがクラウドに保存され、ユーザーそれぞれの利用状況に応じて最適化したサービスが提供されます。

●ドコモのアプリとサービス

「マイマガジン」「スケジュール」「データコピー」などのドコモアプリがあらかじめインストールされています。また、「dメニュー」「dマーケット」「ドコモメール」などのサービスを無料で利用できます。「My docomo」から有料サービスを探して新規契約することもできます。

電源のオン／オフと
ロックの解除

OS・Hardware

電源の状態には、オン、オフ、スリープモードの3種類があります。
3つのモードは、すべて電源キーで切り替えが可能です。一定時間
操作しないと、自動的にスリープモードに移行します。

ロックを解除する

① スリープモードで電源キーを押します。

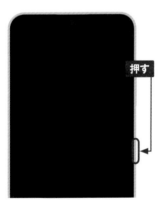

押す

② ロック画面が表示されるので、画面を上方向にスライドします。

13:09
9/11 月曜日

スライドする

③ ロックが解除され、ホーム画面が表示されます。再度、電源キーを押すと、スリープモードになります。

MEMO スリープモードとは

スリープモードは画面の表示を消す機能です。本体の電源は入ったままなので、すぐに操作を再開できます。ただし、通信などを行っているため、その分バッテリーを消費してしまいます。電源を完全に切り、バッテリーをほとんど消費しなくなる電源オフの状態と使い分けましょう。

電源を切る

① 電源キーと音量キーの上側を押すと電源メニューが表示されます。

押す

② [電源を切る] をタッチすると電源がオフになります。

タッチする

③ 電源をオンにするには、電源キーを3秒以上押します。

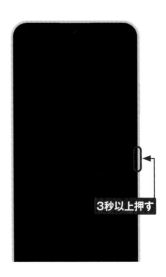

3秒以上押す

MEMO ロック画面からのカメラの起動

ロック画面からカメラを起動するには、ロック画面で◎を画面中央にスワイプします。

スワイプする

SH-53Dの基本操作を覚える

OS・Hardware

SH-53Dのディスプレイはタッチパネルです。指でディスプレイをタッチすることで、いろいろな操作が行えます。また、画面下部のナビゲーションキーの使い方も覚えましょう。

ナビゲーションキーの操作

戻るキー／閉じるキー	1つ前の画面に戻ります。
ホームキー	ホーム画面が表示されます。一番左のホーム画面以外を表示している場合は、一番左の画面に戻ります。ロングタッチでGoogleアシスタント（Sec.32参照）が起動します。
アプリ使用履歴キー／マルチウィンドウキー	最近操作したアプリが表示されます（P.21参照）。

MEMO 画面の回転

対応アプリの起動中に本体を横向きにすると、ナビゲーションキーの右に口が表示されます。このキーをタッチすると、本体の向きに画面が回転して表示されます。また、機能ボタン（P.19参照）の［自動回転］をオンにすると、本体を横向きにしたときに自動的に画面が回転します。

タッチパネルの操作

タッチ

タッチパネルに軽く触れてすぐに指を離すことを「タッチ」といいます。

ロングタッチ

アイコンやメニューなどに長く触れた状態を保つことを「ロングタッチ」といいます。

ピンチアウト／ピンチイン

2本の指をタッチパネルに触れたまま指を開くことを「ピンチアウト」、閉じることを「ピンチイン」といいます。

スライド（スワイプ）

画面内に表示しきれない場合など、タッチパネルに軽く触れたまま特定の方向へなぞることを「スライド」または「スワイプ」といいます。

フリック

タッチパネル上を指ではらうように操作することを「フリック」といいます。

ドラッグ

アイコンやバーに触れたまま、特定の位置までなぞって指を離すことを「ドラッグ」といいます。

1

ホーム画面の使い方

OS・Hardware

タッチパネルの基本的な操作方法を理解したら、ホーム画面の見方や使い方を覚えましょう。本書ではホームアプリを「docomo LIVE UX」に設定した状態で解説を行っています。

1

ホーム画面（docomo LIVE UX）の見方

ステータスバー
お知らせアイコンやステータスアイコンが表示されます（Sec.05参照）。

マチキャラ
タッチすると、ドコモのAIアシスタント「my daiz」が起動します（Sec.47参照）。

Google検索バー
タッチすると、検索画面やトピックが表示されます。黒く表示されている場合は「ダークモード」（Sec.70参照）がオンになっています。

アプリ一覧ボタン
タッチすると、インストールしているすべてのアプリのアイコンが表示されます（Sec.07参照）。

アプリアイコンとフォルダ
タッチするとアプリが起動したり、フォルダの内容が表示されます。

ドック
よく使うアプリのアイコンを選んで配置することができます。なお、ホーム画面のどのページにも表示されます。

ホーム画面のページを切り替える

1 ホーム画面は、左右に切り替えることができます。ホーム画面を左方向にフリックします。

フリックする

2 ホーム画面が、1つ右のページに切り替わります。

3 ホーム画面を右方向にフリックすると、もとのページに戻ります。

フリックする

MEMO マイマガジンや my daizの表示

ホーム画面を上方向にフリックすると、「マイマガジン」（Sec.50参照）が表示され、手順①の画面でホーム画面を右方向にフリックすると「my daiz Now」（Sec.47参照）が表示されます。

OS・Hardware

情報を確認する

画面上部に表示されているステータスバーのお知らせアイコンとステータアイコンで、SH-53Dの状態がわかります。また、ステータスパネルには、通知や機能ボタンが表示されます。

ステータスバーの見方

お知らせアイコン

不在着信や新着メール、実行中の作業などを通知するアイコンです。「通知」で詳しい情報を確認することができます。

ステータスアイコン

電波状態やバッテリー残量など、主にSH-53Dの状態を表すアイコンです。

お知らせアイコン		ステータスアイコン	
✉	新着ドコモメールあり	🔇	マナーモード（ミュート）設定中
M	新着Gmailあり	▼	Wi-Fi電波の状態
☎	不在着信あり	5G	5G使用可能
➕	新着+メッセージあり	◢	電波の状態
⏰	アラーム情報あり	🔋	バッテリー残量

MEMO セキュリティインジケーター

アプリが「カメラ」や「マイク」を利用すると、ステータスバーの右上に緑色のドットが表示されます。ステータスバーを下方向にドラッグすると、アイコンに変化するので、タッチすると「カメラ」や「マイク」にアクセスしているアプリを確認することができます。

ステータスパネルを表示する

① ステータスバーを下方向にドラッグします。

ドラッグする

② ステータスパネルに機能ボタン4つと通知が表示されます。

③ さらに下方向に画面をドラッグすると、ステータスパネルが展開して、機能ボタンが大きく8つ表示されます。ステータスパネルを閉じるには、画面を上方向にドラッグするか、◀をタッチします。

タッチする

❶	画面の明るさ調節
❷	機能ボタン
❸	機能ボタンの編集（Sec.57参照）
❹	電源メニュー（P.11参照）
❺	「設定」アプリ（P.20参照）

MEMO ステータスパネルのそのほかの機能

手順②の画面で、画面上部のスライダーをドラッグして、画面の明るさを調節できます。また、⏻をタッチすると電源メニューが、⚙をタッチすると「設定」アプリが開きます。

ステータスパネルを
利用する

OS・Hardware

SH-53Dの状態やメッセージの確認など、特に利用することが多いのがステータスパネルです。ステータスパネルには、主な機能を簡単に切り替えられる「機能ボタン」と、システムやアプリから届く「通知」が表示されます。

 通知を確認する

新着のメールや電話、そのほかアプリやシステムからのお知らせは「通知」で確認します。通知を消去するか、タッチして確認すると、ステータスバーのお知らせアイコンも消去されます。「通知」によっては、ホーム画面にポップアップ表示されるものもあります。

1 ステータスパネルを表示して通知を確認します。短いメッセージや、不要なニュースなどは、確認後に左右にフリックするか、[すべて消去]をタッチして消去します。

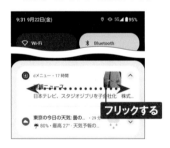

フリックする

2 通知の内容を詳しく知りたい場合は、通知を選んでタッチします。

タッチする

3 該当するアプリが起動して、詳細な情報を確認することができます。

 MEMO ロック画面の通知

スリープモードの時に届いた通知は、ロック画面に表示されます。ロック画面に通知を表示したくない場合は、Sec.63を参照してください。

機能ボタンを利用する

機能ボタンは、その機能のステータスがひと目でわかるほか、タッチでオンとオフを切り替えたり、該当アプリを起動したりできます。ボタンによっては、ロングタッチすると、「設定」アプリの該当箇所が表示されて、詳細な設定を行うことができます。

① 機能ボタンをタッチしてオン／オフを切り替えます。ほかのボタン（ここでは [Bluetooth]）をロングタッチします。

ロングタッチする

② 「設定」アプリの該当箇所（ここでは [Bluetooth]）が表示されます。

接続済みのデバイス

＋ 新しいデバイスとペア設定

ペア設定済みのデバイス

> すべて表示

接続の設定
Bluetooth、Android Auto、NFC/おサイフケータイ

ⓘ
他のデバイスには「AQUOS wish3」として表示されます

③ 手順①の画面で画面を左方向にフリックすると、次のページに切り替わり、ほかの機能ボタンが表示されます。

MEMO 機能ボタンを並び替える

✎をタッチすると、機能ボタンを並び替えたり、表示されていないボタンを追加することができます。よく使う機能ボタンを上位に配置して、使いやすくしましょう（Sec.57参照）。

OS・Hardware

アプリを利用する

アプリ画面には、さまざまなアプリのアイコンが表示されています。
それぞれのアイコンをタッチするとアプリが起動します。ここでは、
アプリの終了方法や切り替え方もあわせて覚えましょう。

アプリを起動する

(1) ホーム画面のアプリ一覧ボタンを
タッチします。

タッチする

(2) アプリ一覧画面が表示されるの
で、画面を上下にスライドし、任
意のアプリのアイコンを探してタッ
チします。ここでは、[設定] をタッ
チします。

① スライドする
② タッチする

(3) 「設定」アプリ（設定メニュー）が
開きます。アプリの起動中に◀を
タッチすると、1つ前の画面（ここ
ではアプリ一覧画面）に戻ります。

タッチする

MEMO アプリのアクセス許可

アプリの初回起動時に、アクセ
ス許可を求める画面が表示され
ることがあります。その際は [許
可] をタッチして進みます。許
可しない場合、アプリが正しく機
能しないことがあります（対処
法はSec.64参照）。

通知の送信を ドライブ に許可しま
すか？

許可

許可しない

アプリを切り替える

(1) アプリの起動中やホーム画面で
■をタッチします。

アプリのセキュリティ、デバイスのロック、権限

⊙ **位置情報**
ON - 4個のアプリに位置情報へのアクセスを許可

✱ **緊急情報と緊急通報**
緊急SOS、医療情報、アラート

⚙ **ドコモのサービス/クラウド**
dアカウント設定、ドコモアプリ管理

▣ **パスワードとアカウント**
保存されているパスワード、自動入力、同期されているアカウント

‰ **Digital Wellbeing と保護者による使用制限**
利用時間、アプリタイマー、おやすみ時間のスケジュール

タッチする

G **Google**
サービスと設定

⌂ **システム**

◀ ● ■

(2) 最近使用したアプリ(履歴)が
一覧表示されます。左右にフリックして利用したいアプリを選んで
タッチします。

❶ フリックする

❷ タッチする

(3) タッチしたアプリが表示されます。

←

あのボスの大きさって?「アーマード・コア6」他フロム作品を交えた検証動画公開 ⊗

📅 2023.9.19 Tue 19:30

f シェア   X ポスト   💬 送る

「Apex Legends」の競技シーンから、**NRG Esports**や**Acend**が撤退を発表しました。同作を手掛ける**Electronic Arts(EA)**や**Respawn Entertainment**からのサポートの少なさへ、批判が渦巻いています。決して初めてのことではありません。

◆サポートの不足や"発展途上"であることが原因

 9.19 ON SALE

< ⊡ ⋮

◀ ● ■

MEMO **アプリの終了**

手順②の画面で、アプリを上方向にフリックすると、アプリが終了します。また、最後まで右にフリックして表示される[全てクリア]をタッチすると、起動中のアプリがすべて終了します。なお、使用頻度の低いアプリは自動的に終了されるので、基本的にアプリを手動で終了する必要はありません。

OS・Hardware

ウィジェットを利用する

SH-53Dのホーム画面にはウィジェットが表示されています。ウィジェットを使うことで、情報の確認やアプリへのアクセスをホーム画面上からかんたんに行うことができます。

ウィジェットとは

ウィジェットは、ホーム画面で動作する簡易的なアプリです。さまざまな情報を自動的に表示したり、タッチすることでアプリにアクセスしたりできます。SH-53Dは、標準で多数のウィジェットが用意されていて、Google Play（Sec.33参照）でダウンロードするとさらに多くの種類のウィジェットを利用できます。これらのウィジェットを組み合わせることで、自分好みのホーム画面の作成が可能です。

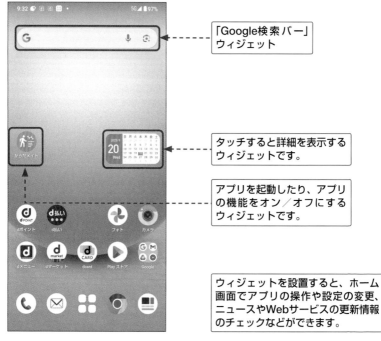

「Google検索バー」ウィジェット

タッチすると詳細を表示するウィジェットです。

アプリを起動したり、アプリの機能をオン／オフにするウィジェットです。

ウィジェットを設置すると、ホーム画面でアプリの操作や設定の変更、ニュースやWebサービスの更新情報のチェックなどができます。

ウィジェットを追加する

1 ホーム画面の何もない箇所をロングタッチし、［ウィジェット］をタッチします。

2 画面を上下にスライドして、ウィジェット名をタッチします。

3 追加したいウィジェットをロングタッチします。

4 そのまま、ホーム画面の好きな位置にドラッグして追加します。

5 ウィジェットの中には、ロングタッチして大きさを変更できるものもあります。

📝MEMO 2つのアプリを同時に表示する

P.21手順②のとき、マルチウィンドウ対応のアプリでは画面右下に［上に分割］と表示されます。［上に分割］をタッチすると、選択したアプリが上側に表示されます。別のマルチウィンドウ対応アプリを起動すると、下側に表示されます。

Application

文字を入力する

SH-53Dでは、ソフトウェアキーボードで文字を入力します。「12キー」（一般的な携帯電話の入力方法）や「QWERTYキーボード」などを切り替えて使用できます。

SH-53Dの文字入力方法

12キー	QWERTYキーボード

かな入力

ローマ字入力

MEMO 2種類のキーボード

文字の入力には「Gboard」キーボードを使用します。日本語入力の場合、ローマ字入力の「QWERTY」と、かな入力の「12キー」を切り替えることができます。また、「Google音声入力」を使うこともできます。

キーボードの種類を切り替える

① 文字入力が可能な画面になると、Gboardのキーボードが表示されます。✿をタッチします。

② [言語] をタッチします。

③ [日本語] をタッチします。

④ [QWERTY] をタッチします。

⑤ 「QWERTY」にチェックが入ったことを確認し、[完了] をタッチします。

⑥ 「QWERTY」が追加されたことを確認し、←を2回タッチします。

⑦ キーボードに表示された⊕をタッチすると、12キーとQWERTYキーボードを切り替えできます。

12キーで文字を入力する

●トグル入力を行う

(1) 12キーは、一般的な携帯電話と同じ要領で入力が可能です。たとえば、あを5回→かを1回→さを2回タッチすると、「おかし」と入力されます。

(2) 変換候補から選んでタッチすると、変換が確定します。手順①で∨をタッチして、変換候補の欄をスワイプすると、さらにたくさんの候補を表示できます。

●フリック入力を行う

(1) 12キーでは、キーを上下左右にフリックすることでも文字を入力できます。キーをロングタッチするとガイドが表示されるので、入力したい文字の方向へフリックします。

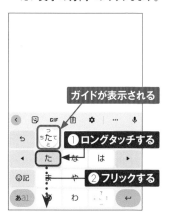

(2) フリックした方向の文字が入力されます。ここでは、たを下方向にフリックしたので、「と」が入力されました。

QWERTYで文字を入力する

1 QWERTYキーボードでは、パソコンのローマ字入力と同じ要領で入力が可能です。たとえば、g→i→j→uの順にタッチすると、「ぎじゅ」と入力され、変換候補が表示されます。候補の中から変換したい単語をタッチすると、変換が確定します。

2 文字を入力し、[変換]をタッチしても文字が変換されます。

3 希望の変換候補にならない場合は、◀ / ▶ をタッチして文節の位置を調節します。

4 ←をタッチすると、濃いハイライト表示の文字部分の変換が確定します。

文字種を変更する

① あa1をタッチするごとに、「ひらがな漢字」→「英字」→「数字」の順に文字種が切り替わります。あのときには、日本語を入力できます。

② aのときには、半角英字を入力できます。あa1をタッチします。

③ 1のときには、半角数字を入力できます。再度あa1をタッチすると、日本語入力に戻ります。

MEMO キーボードの切り替え

キーボードの⊕をタッチするごとに、登録してある入力モードが切り替わります。

28

絵文字や記号、顔文字を入力する

(1) 絵文字や記号、顔文字を入力したい場合は、☺記 をタッチします。

(2) ☺をタッチして、「絵文字」の表示欄を上下にスワイプし、目的の絵文字をタッチすると入力できます。☆をタッチします。

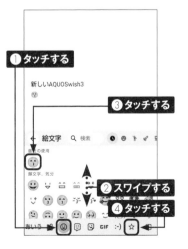

(3) 手順②と同様の方法で「記号」を入力できます。:-)をタッチします。

(4) 「顔文字」を入力できます。あいうをタッチします。

(5) 通常の文字入力画面に戻ります。

テキストを
コピー&ペーストする

SH-53Dは、パソコンと同じように自由にテキストをコピー&ペーストできます。コピーしたテキストは、別のアプリにペースト（貼り付け）して利用することもできます。

Application

あ	か	さ
た	な	は
ま	や	ら
...	わ	...

テキストをコピーする

1 コピーしたいテキストをロングタッチします。

作成・編集　　　保存

ロングタッチする

頑張った手料理に夫が衝撃のひと言

電子レンジよりも楽で激ウマ

2 テキストが選択されます。●と●を左右にドラッグして、コピーする範囲を調整します。

作成・編集　　　保存

ドラッグする

切り取り　コピー　共有　すべて選択
頑張った手料理は夫が衝撃のひと言

電子レンジよりも楽で激ウマ

3 ［コピー］をタッチします。

作成・編集　　　保存

タッチする

切り取り　コピー　共有　すべて選択
頑張った手料理に夫が衝撃のひと言

電子レンジよりも楽で激ウマ

4 テキストがクリップボードにコピーされました。

作成・編集　　　保存

頑張った手料理に夫が衝撃のひと言

電子レンジよりも楽で激ウマ

頑張った手料理

コピーしたテキストをペーストする

(1) テキストをペースト（貼り付け）したい位置をロングタッチします。

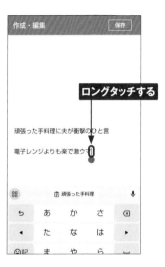

(2) ［貼り付け］をタッチします。

(3) コピーしたテキストがペーストされます。

MEMO 履歴からコピーする

コピーしたテキストは履歴として保存されます。手順③の画面で📋をタッチすると、以前にコピーしたテキストを利用することができます。

Googleアカウントを設定する

Application

SH-53DにGoogleアカウントを設定すると、Googleが提供するサービスが利用できます。ここではGoogleアカウントを作成して設定します。登録済みのGoogleアカウントを設定することもできます。

Googleアカウントを設定する

① P.20手順①〜②を参考に、アプリ一覧画面で[設定]をタッチします。

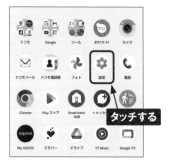

タッチする

② 「設定」アプリが開くので、画面を上方向にスライドして、[パスワードとアカウント]をタッチします。

Q 設定を検索

* 緊急情報と緊急通報　①スライドする
　緊急SOS、医療情報、ア

② タッチする

✿ ドコモのサービス/クラ
　dアカウント設定、ドコモアプリ管理

🖾 パスワードとアカウント
　保存されているパスワード、自動入力、同期されているアカウント

Digital Wellbeing と保護者による使
用制限
利用時間、アプリタイマー、おやすみ時間のスケジュール

③ 「パスワードとアカウント」画面で[アカウントを追加]をタッチします。

パスワードとアカウント

G Google　⚙

所有者のアカウント

d docomo
　docomo

 タッチする

＋ アカウントを追加

アプリデータを自動的に同期する
アプリにデータの自動更新を許可します

MEMO Googleアカウントとは

Googleアカウントを作成すると、Googleが提供する各種サービスへログインすることができます。アカウントの作成に必要なのは、メールアドレスとパスワードの登録だけです。SH-53DにGoogleアカウントを設定すると、Gmailなどのサービスがかんたんに利用できます。

④ 「アカウントの追加」画面が表示されるので、[Google] をタッチします。

アカウントの追加

d docomo

M Exchange

G Google ← タッチする

Meet

M 個人用（IMAP）

⑤ 新規にアカウントを取得する場合は、[アカウントを作成] → [自分用] をタッチして、画面の指示に従って名前やアカウント名を入力します。

Google
ログイン
Google アカウントでログインしましょう。詳細

メールアドレスまたは電話番号

メールアドレスを忘れた場合

アカウントを作成

自分用 ← タッチする

子供用

ビジネスの管理用

MEMO 既存のアカウントを利用する

取得済みのGoogleアカウントがある場合は、手順⑤の画面でメールアドレスか電話番号を入力して、[次へ] をタッチします。次の画面でパスワードを入力して操作を進めると、手順⑥の画面が表示されます。

⑥ アカウントの登録が終了すると、「パスワードとアカウント」画面に戻ります。追加したアカウント名をタッチし、次の画面で [アカウントの同期] をタッチします。

←

Google

G

aquwsh3@gmail.com

アカウントの同期
8件中7件のアイテムで同期が ON

アカウントを削除

タッチする

⑦ 同期するGoogleのサービスが表示されます。タッチすると、同期のオン／オフを切り替えることができます。

アカウントの同期

G

aquwsh3@gmail.com
Google

Gmail
同期しています...

Google Play ムービー& TV
最終同期日時: 2023年9月15日 13:49

Google カレンダー
最終同期日時: 2023年9月15日 13:49

Google ニュース
同期OFF

カレンダー
最終同期日時: 2023年9月15日 13:49

カレンダーの ToDo リスト
最終同期日時: 2023年9月15日 13:49

ドコモのIDとパスワードを設定する

Application

My
docomo

SH-53Dにdアカウントを設定すると、NTTドコモが提供するさまざまなサービスをインターネット経由で利用できるようになります。また、あわせてspモードパスワードの変更も済ませておきましょう。

dアカウントとは

「dアカウント」とは、NTTドコモが提供しているさまざまなサービスを利用するためのIDです。dアカウントを作成し、SH-53Dに設定することで、Wi-Fi経由で「dマーケット」などのドコモの各種サービスを利用できるようになります。

なお、ドコモのサービスを利用しようとすると、いくつかのパスワードを求められる場合があります。このうちspモードパスワードは「お客様サポート」（My docomo）で確認・再発行できますが、「ネットワーク暗証番号」はインターネット上で確認・再発行できません。契約書類を紛失しないように気を付けましょう。さらに、spモードパスワードを初期値（0000）のまま使っていると、変更をうながす画面が表示されることがあります。その場合は、画面の指示に従ってパスワードを変更しましょう。

なお、ドコモショップなどですでに設定を行っている場合、ここでの設定は必要ありません。

ドコモのサービスで利用するID／パスワード	
ネットワーク暗証番号	My docomo（Sec.48参照）や、各種電話サービスを利用する際に必要。4桁の数字。
dアカウントのID／パスワード	ドコモのサービスを利用する際に必要。8〜20文字の半角英数字と一部の記号。
spモードパスワード	ドコモメールの設定、spモードサイトの登録／解除の際に必要。4桁の数字。初期値は「0000」だが、変更が必要（P.39参照）。

MEMO dアカウントとパスワードは Wi-Fi経由でドコモのサービスを使うときに必要

5Gや4G（LTE）回線を利用しているときは不要ですが、Wi-Fi経由でドコモのサービスを利用する際は、dアカウントとパスワードを入力する必要があります。

dアカウントを設定する

① P.20手順①〜②を参考に、「設定」アプリを開いて、[ドコモのサービス／クラウド] をタッチします。

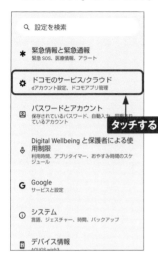

② [dアカウント設定] をタッチします。dアカウントの利用条件が表示されたら [同意する] をタッチし、dアカウントの説明が表示されたら [次へ] をタッチして進めます。すでにdアカウントが設定されている場合は、P.37手順⑪の画面が表示されます。

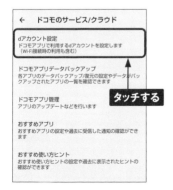

③ 「dアカウント設定」画面が表示されるので、新規に作成する場合は、[新たにdアカウントを作成] をタッチします。

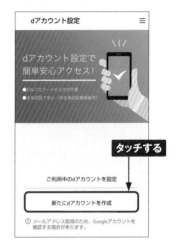

④ 「モバイルデータ通信で接続を行いますか?」と表示されたら、[はい] をタッチします。

(5) ネットワーク暗証番号を入力し、[設定する]をタッチします。

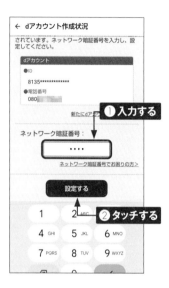

(6) Chromeでdアカウントを利用しない場合は[いいえ]をタッチします。

(7) 「ID設定」画面が表示されます。アカウント名を入力して、[設定する]をタッチします。

(8) 生体認証の設定は、後から設定することもできるので、ここでは[設定しない]を選んで[OK]をタッチします。

9 「アプリ一括インストール」画面が表示されたら、[今すぐ実行]を選んで[進む]をタッチします。

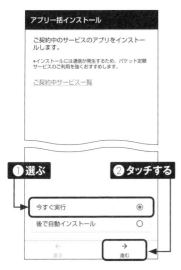

アプリ一括インストール

ご契約中のサービスのアプリをインストールします。

*インストールには通信が発生するため、パケット定額サービスのご利用を強くおすすめします。

ご契約中サービス一覧

❶選ぶ　　　❷タッチする

今すぐ実行　　　　　　　　　　⦿
後で自動インストール　　　　　○

←　　　　　　　　　　　→
戻る　　　　　　　　　　進む

10 dアカウント（ID）の設定が完了しました。[OK]をタッチします。

ID変更完了

✓

IDの変更が完了しました

新しいdアカウントのID

aquwsh3

*連絡先メールアドレスにID変更完了を通知しました

タッチする

OK

11 「dアカウント」画面が表示されます。以降は、P.35手順②の操作を行うと、この画面が表示されます。この画面からdアカウントの確認や設定を行うことができます。

dアカウント　　　　　　≡

ID
aquwsh3
設定電話番号：

2段階認証
鍵 セキュリティコード

生体認証または画面ロックで認証
未設定

パスワード
いつもパスキー設定(パスワードレス)：未設定

連絡先メールアドレス
ケータイメール：y0*************@docomo.ne.jp
ウェブメール：未設定

会員情報

12 手順⑪の画面で[パスワード]をタッチし、[パスワードの確認]をタッチします。

←　パスワード

👁 パスワードの確認　　　　　　>

✏ パスワードの変更　　　　　　>

いつもパスキー設定
（パスワードレス設定）　　　　>
未設定

タッチする

13 自動設定された現在のパスワードを確認することができます。[OK]をタッチして戻ります。

タッチする

OK

14 パスワードを変更する場合は、手順⑫の画面で[パスワードの変更]をタッチし、新しいパスワードを入力して[設定する]をタッチします。

← パスワードの変更

新しいパスワードを入力してください

新しいパスワード：

・・・・・・・・・・・ ✕

☐ パスワードを表示する

パスワードの安全度：中

① 半角英数字・記号8〜20桁
※英字のみ、数字のみ、記号のみのパスワードはご利用いただけません
※IDと同じ文字列はご利用いただけません

タッチする

設定する

1 2 3 4 5 6 7 8 9 0
q w e r t y u i o p
a s d f g h j k l

15 ドコモからのお知らせはドコモメールに届きます。変更する場合は、手順⑫の画面で[連絡先メールアドレス]をタッチします。

タッチする

16 Sec.11で作成したGmailのアドレスを選ぶか、[アカウントを追加]を選んで利用しているメールアドレスを指定します。

選ぶ

アカウントの選択

aquwsh3@gmail.com ◉

アカウントを追加 ○

キャンセル OK

spモードパスワードを変更する

① ホーム画面で、[dメニュー] をプライバシーポリシーの説明が表示されたら [OK] をタッチします。

タッチする

② 「Chrome」アプリででdメニューの画面が開くので、[My docomo] をタッチします。

タッチする

③ [設定] をタッチします。

タッチする

④ 画面を上方向へスライドし、[spモードパスワード] をタッチします。

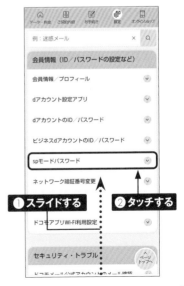

❶ スライドする　　❷ タッチする

1

⑤ [変更する]をタッチします。この後、dアカウントへのログインが求められたら、画面の指示に従ってログインします。

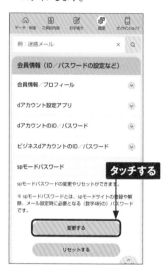

タッチする

⑥ ネットワーク暗証番号を入力し、[認証する]をタッチします。

⑦ 現在のspモードパスワード（初期値は「0000」）と新しいパスワードを入力し、[設定を確認する]をタッチします。

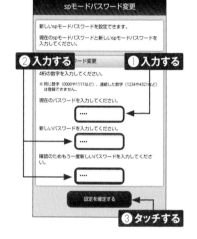

⑧ SPモードパスワードの変更が完了します。

MEMO spモードパスワードをリセットする

spモードパスワードがわからなくなったときは、手順⑤の画面で[リセットする]をタッチし、画面に従って暗証番号などを入力して手続きを行うと、初期値の「0000」にリセットできます。

Chapter

2

電話機能を使う

電話をかける／受ける

Application

電話操作は発信も着信も非常にシンプルです。発信時はホーム画面のアイコンからかんたんに電話を発信でき、着信時はスワイプまたはタッチ操作で通話を開始できます。

電話をかける

(1) ホーム画面で**し**をタッチします。

タッチする

(2) 「電話」アプリが起動します。**Ⅲ**をタッチします。

ワンタップで連絡先に電話
をかけられます

連絡先をお気に入りに追加

タッチする

★ お気に入り　　⏱ 履歴　　🔄 連絡先

(3) 相手の電話番号をタッチして入力し、[音声通話]をタッチすると、電話が発信されます。

❶タッチする　　　❷タッチする

(4) 相手が応答すると通話が始まります。**⌒**をタッチすると、通話が終了します。

発信中...
080-

タッチする

📞 電話を受ける

●スリープ中に電話を受ける

(1) スリープ中に電話を着信すると、「着信」画面が表示されます。📞を上方向にスワイプして通話を始めます。

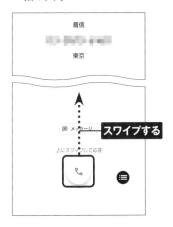

スワイプする

(2) 📞をタッチすると、通話が終了します。

タッチする

●利用中に電話を受ける

(1) 利用中に電話を着信すると、「着信」の通知が表示されます。[応答]をタッチして通話を始めます。

タッチする

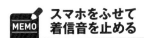

MEMO スマホをふせて着信音を止める

着信中にスマホの画面を下にして置くと着信音を止めることができます。画面右上の⋮→[設定]→[ふせるだけでサイレントモード]の順にタッチしてオンにします。

タッチする

Application

履歴を確認する

電話の発信や着信の履歴は、発着信履歴画面で確認します。また、電話をかけ直したいときに通話履歴から発信したり、電話した理由をメッセージ（SMS）で送信したりすることもできます。

発信や着信の履歴を確認する

① ホーム画面で🕻をタッチします。

タッチする

② ［履歴］をタッチします。

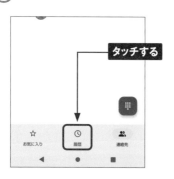

タッチする

☆ お気に入り　🕘 履歴　🔍 連絡先

③ 発着信履歴が一覧表示されます。履歴の🕻をタッチすると電話が発信されます。

Q 連絡先や場所を検索

今日

🅱️ 東京・2分前

安 安田 朝彦
↗ 携帯・44分前

タッチする

④ ③の画面で履歴をタッチし［メッセージ］をタッチすると、「＋メッセージ」アプリが開いて、メッセージを送信することができます（Sec.25参照）。

Q 連絡先や場所を検索

今日

🅱️ 東京・2分前

👤+ 連絡先に追加　📧 メッセージ　🕘 履歴を開く

安 安田 朝彦
↗ 携帯・44分前

44

履歴から連絡先に登録する

① P.44手順④の画面で、[連絡先に追加]をタッチします。

タッチする

② [新しい連絡先を作成]をタッチします。

← 連絡先に追加

+2 新しい連絡先を作成

タッチする

③ 連絡先を選んで（ここでは [Google]）をタッチします。

新しい連絡先のデフォルトアカウント

タッチする

d docomo
docomo

G Google
aquwsh3@gmail.com

④ 「連絡先の作成」画面で、名前などを入力して［保存］をタッチします。「連絡先」のほか、通話履歴やドコモ電話帳（利用している場合）にも、登録した名前が表示されるようになります。

× 新しい連絡先の作成　　　保存

G 保存先
aquwsh3@gmail.com

👤 佐藤

史治

ふりがな（姓）

MEMO 通話を録音する

通話中のP.43手順①の画面で、●→ ［通話音声メモ］の順にタッチすると、通話を録音することができます。録音した音声を再生する場合は、画面右上の⋮→ ［設定］→［通話アカウント］→［通話音声・伝言メモ］→［通話音声メモ］の順にタッチします。

00:21

録音中 00:06 / 60:00

■

停止

Application

伝言メモを利用する

SH-53Dでは、電話を取れないときに本体に伝言を記録する伝言メモ機能を利用できます。有料サービスである留守番電話サービスとは異なり、無料で利用できるのでぜひ使ってみましょう。

伝言メモを設定する

(1) P.44手順①を参考に「電話」アプリを起動して、画面右上の⋮をタッチし、[設定] をタッチします。

(2) 「設定」アプリで [通話アカウント] → [通話音声・伝言メモ] → [設定] → [伝言メモ設定] の順にタッチします。アクセス許可を求める画面が表示されたら [許可] をタッチします。

(3) 「簡易の留守番電話を [こちら] から〜」をタッチして、次の画面で [ON] をタッチします。

(4) 次の画面で [応答時間設定] をタッチすると、待ち時間を変更できます。ドコモの留守番電話サービスを利用している場合は、「伝言メモ」の待ち時間を短く設定する必要があります。

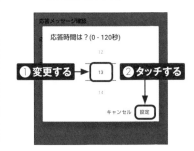

伝言メモを再生する

① 不在着信の伝言メモがあると、ステータスバーに 📟 が表示されます。ステータスバーを下方向にドラッグします。

② 伝言メモの通知をタッチします。

③ 伝言メモの ● をタッチすると、伝言メモが再生されます。

④ 伝言メモを削除するには、⋮ → [選択削除] の順にタッチします。

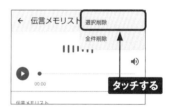

MEMO そのほかの伝言メモ再生方法

ステータスパネルの通知を削除してしまった場合は、P.46手順③の画面で左下の [伝言メモ] をタッチします。あとは上記の手順③以降と同じです。

2

Application

ドコモ電話帳を利用する

電話番号やメールアドレスなどの連絡先は、「ドコモ電話帳」で管理することができます。クラウド機能を有効にすることで、電話帳データが専用のサーバーに自動的に保存されるようになります。

クラウド機能を有効にする

(1) ホーム画面でアプリ一覧ボタンをタッチします。

タッチする

(2) アプリ一覧画面で、[ドコモ電話帳] をタッチします。

タッチする

(3) 初回起動時は「クラウド機能の利用について」画面が表示されます。[注意事項] をタッチします。

← クラウド機能の利用について

使っててよかった。

月額使用料：無料
＊別途パケット通信料がかかります
注意事項

タッチする

クラウド機能を利用するには、以下のボタンから注意事項を確認のうえ、進んでください。

注意事項

(4) 内容を確認し、◀をタッチして戻ります。

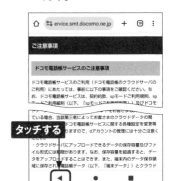

タッチする

⑤ 手順④と同様にプライバシーポリシーについても確認したら、[利用する] をタッチします。

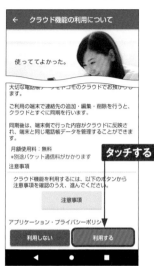

⑥ 「ドコモ電話帳」画面が表示されます。機種変更などでクラウドサーバーに保存していた連絡先がある場合は、自動的に同期されます。

ドコモ電話帳の
クラウド機能とは

ドコモ電話帳のクラウド機能では、電話帳データを専用のクラウドサーバー（インターネット上の保管庫）に自動保存しています。そのため、機種変更をしたときも、クラウドを利用して簡単に電話帳のデータを移行できます。また、パソコンから電話帳データを閲覧／編集できる機能も用意されています。

クラウドの電話帳データを手動で同期する場合は、手順⑥の画面左上の ■ → [設定] → [クラウドメニュー] → [クラウドとの同期実行] の順にタッチします。

2

49

ドコモ電話帳に新規連絡先を登録する

① P.48手順①〜②を参考にドコモ電話帳を開き、●をタッチします。

② 連絡先を保存するアカウントを選択します。ここでは [docomo] を選択します。

③ 入力欄をタッチし、ソフトウェアキーボードを表示して、「姓」と「名」の入力欄へ連絡先の情報を入力して、→| をタッチします。

④ 電話番号やメールアドレスを入力します。ふりがなを入力する場合は、[その他の項目] をタッチします。完了したら [保存] をタッチします。

⑤ 連絡先の情報が保存されます。◀をタッチして、手順①の画面に戻ります。

ドコモ電話帳に通話履歴から登録する

(1) P.44を参考に「履歴」画面を表示します。連絡先に登録したい電話番号をタッチし、[連絡先に追加]をタッチします。

(2) [新しい連絡先を作成]をタッチします。

(3) P.50手順③〜④を参考に連絡先の情報を登録します。

(4) ドコモ電話帳のほか、通話履歴、連絡先にも登録した名前が表示されるようになります。

ドコモ電話帳のそのほかの機能

●連絡先を編集する

(1) P.48手順①〜②を参考にドコモ電話帳を開き、編集したい連絡先をタッチします。

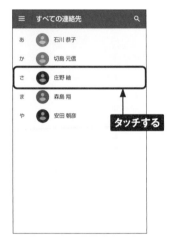

タッチする

(2) 連絡先の「プロフィール」画面が表示されるので✏をタッチし、P.50手順③〜④を参考に連絡先を編集します。

タッチする

●電話帳から電話をかける

(1) 左記手順①〜②を参考に「プロフィール」画面を表示し、番号をタッチします。

タッチする

(2) 電話が発信されます。

迷惑電話を
着信拒否する

ドコモの迷惑電話ストップサービス（無料）を利用すると、登録した電話番号からの着信を拒否することができます。迷惑電話やいたずら電話がくり返しかかってくるときに利用しましょう。

Application

My docomo

迷惑電話ストップサービスを使う

1 ホーム画面の [dメニュー] をタッチします。

タッチする

2 「Chrome」アプリで「dメニュー」のWebページが開くので、[My docomo] をタッチします。

タッチする

3 dアカウント（Sec.12参照）にログインしていない場合は、[ログインする] をタッチしてログインの操作を行います。

すべてのご利用状況を表示する

aquw***で
ログインする

ID／パスワードをお忘れの方

紛失・故障などのトラブル時にご一読ください

タッチする

別のdアカウントでログインする

4 [設定] → [迷惑電話ストップサービス] → [設定を確認・変更する] の順にタッチします。

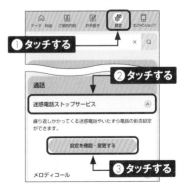

データ・料金　ご契約内容　お手続き　設定　オンラインショップ

❶タッチする

❷タッチする

通話

迷惑電話ストップサービス

繰り返しかかってくる迷惑電話やいたずら電話の拒否設定ができます。

設定を確認・変更する

❸タッチする

メロディコール

⑤ [番号を指定して登録] をタッチします。

タッチする

⑥ 迷惑電話の番号を入力して、[確認する] をタッチします。

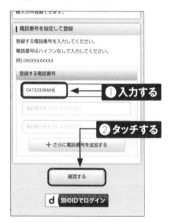

❶入力する

❷タッチする

MEMO 迷惑番号の自動登録

手順⑤の画面で、[最後に着信して通話した番号の登録] をタッチすると、直前に着信した番号を自動登録することができます。

⑦ [設定を確定する] をタッチします。登録後は手順⑤の画面から、登録した電話番号の確認や取り消しを行うことができます。

タッチする

MEMO 電話のブロック機能を使う

「電話」アプリのブロック機能を利用すると、登録した電話番号を着信しないようになります。「電話」アプリ画面右上の ┊ →[設定] → [ブロック中の電話番号] → [番号を追加] の順にタッチして、番号を入力します。

通知音や着信音を変更する

Application

通知音と電話の着信音は、「設定」アプリから変更できます。また、電話の着信音は、着信した相手ごとに個別に設定できます。

通知音を変更する

(1) P.20を参考に「設定」アプリを開いて、[着信音とバイブレーション]をタッチします。

Q 設定を検索

🔋 バッテリー
91%

タッチする

☰ ストレージ
使用済み 28% - 空き容量 45.93 GB

🔊 **着信音とバイブレーション**
音量、バイブレーション、サイレントモード

⊕ ディスプレイ
ダークモード、フォントサイズ、明るさ

(2) 「着信音とバイブレーション」画面が表示されるので、[デフォルトの通知音]をタッチします。アクセス許可の確認が表示されたら、[許可]をタッチします。

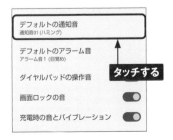

デフォルトの通知音
通知音01 (ハミング)

デフォルトのアラーム音
アラーム音1 (目覚め)

ダイヤルパッドの操作音

タッチする

画面ロックの音 ⬤

充電時の音とバイブレーション ⬤

(3) 通知音のリストが表示されます。好みの通知音をタッチし、[OK]をタッチすると変更完了です。

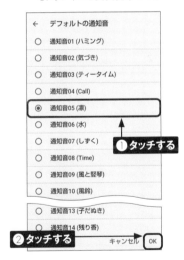

← デフォルトの通知音

○ 通知音01 (ハミング)

○ 通知音02 (気づき)

○ 通知音03 (ティータイム)

○ 通知音04 (Call)

◉ 通知音05 (凛)

○ 通知音06 (水)

○ 通知音07 (しずく) **① タッチする**

○ 通知音08 (Time)

○ 通知音09 (風と竪琴)

○ 通知音10 (風鈴)

○ 通知音13 (子だぬき)

○ 通知音14 (残り香)

② タッチする キャンセル OK

MEMO 音楽を通知音や着信音に設定する

手順③の画面で[端末内のファイル]をタッチすると、SH-53Dに保存されている音楽を通知音や着信音に設定できます。

2

電話の着信音を変更する

(1) P.20を参考に「設定」アプリを開いて、[着信音とバイブレーション] をタッチします。

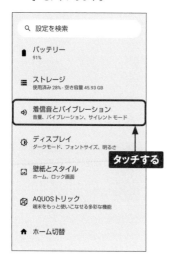

(2) 「着信音とバイブレーション」画面が表示されるので、[着信音] をタッチします。

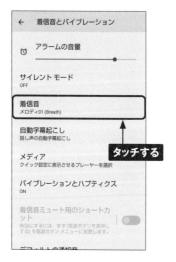

(3) 着信音のリストが表示されるので、好みの着信音を選んでタッチし、[OK] をタッチすると、着信音が変更されます。

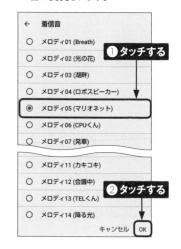

MEMO 着信音の個別設定

着信相手ごとに、着信音を変えることができます。P.52を参考に連絡先の「プロフィール」画面を表示して、画面右上の⋮→[着信音を設定] の順にタッチします。ここで好きな着信音をタッチして、[OK] をタッチすると、その連絡先からの着信音を設定できます。

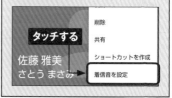

音量やマナーモードを設定する

Application

着信や通知の音量は、「設定」アプリや音量キーのメニューから調節します。マナーモードは、音量キーのメニューやステータスパネルの機能ボタンから切り替えます。

音量を調節する

● 「設定」アプリから調節する

(1) 「設定」アプリを開いて、[着信音とバイブレーション] をタッチします。

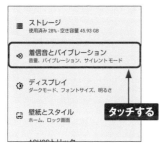

> ≡ ストレージ
> 使用済み 28% - 空き容量 45.93 GB

> 🔊 着信音とバイブレーション
> 音量、バイブレーション、サイレントモード

> 💠 ディスプレイ
> ダークモード、フォントサイズ、明るさ

> 🖼 壁紙とスタイル
> ホーム、ロック画面

タッチする

(2) 各項目の音量のスライダーをドラッグして調節します。

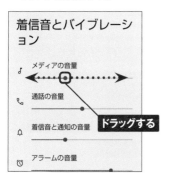

着信音とバイブレーション

🎵 メディアの音量

📞 通話の音量

🔔 着信音と通知の音量 **ドラッグする**

⏰ アラームの音量

● 音量キーから調節する

(1) ロックを解除した状態で音量キーを押すと、メディアの音量スライダーが表示されるので、ドラッグして音量を調節します。 … をタッチします。

タッチする

(2) 各項目の音量のスライダーが表示され、通話や着信音、通知音の音量を調節することができます。

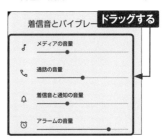

着信音とバイブレー **ドラッグする**

🎵 メディアの音量

📞 通話の音量

🔔 着信音と通知の音量

⏰ アラームの音量

2

🔊 マナーモードを切り替える

(1) 音量キーを押して、音量スライダーの上のアイコンをタッチしてマナーモードを切り替えます。

(2) 「マナー OFF」のときは、着信音、通知音が鳴ります。

(3) 「バイブ」のときは、着信音や通知音は鳴らず、振動で知らせます。

(4) 「ミュート」のときは、着信音や通知音は鳴らず、振動もありません。

MEMO **機能ボタンを利用する**

マナーモードの変更は、ステータスパネル（P.17参照）から行うこともできます。[マナーモード]の機能ボタンをタッチするたびに、モードが切り替わります。

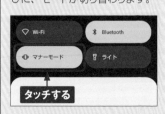

インターネットと
メールを利用する

SH-53Dで使える
メールの種類

Application

SH-53Dでは、ドコモメール（@docomo.ne.jp）や＋メッセージ（SMS）を利用できるほか、Gmail（@gmail.com）およびパソコンのメールも使えます。

ドコモメール

NTTドコモの提供するメールです。「@docomo.ne.jp」のアドレスが使えます。iモードと同じアドレスが使用可能です。

こんにちは〜 🌸 ☀️

From: sample@docomo.ne.jp
to: xxxx@xxx.xxx

＋メッセージ（SMS）

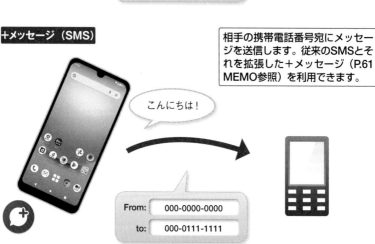

相手の携帯電話番号宛にメッセージを送信します。従来のSMSとそれを拡張した＋メッセージ（P.61 MEMO参照）を利用できます。

こんにちは！

From: 000-0000-0000
to: 000-0111-1111

Gmail

Googleが提供するメールです。SH-53DにGoogleアカウントを設定すればすぐに利用できます。

こんにちは〜

From: sample@gmail.com
to: xxxx@xxx.xxx

PCメール

パソコンで使用しているメールが使えます。複数のメールアカウントを登録することも可能です。

こんにちは、
お元気ですか？

From: sample@gihyo.co.jp
to: xxxx@xxx.xxx

MEMO +メッセージとは

+メッセージは、従来のSMSを拡張したものです。宛先に相手の携帯電話番号を指定するのはSMSと同じですが、文字だけしか送信できないSMSと異なり、スタンプや写真、動画などを送ることができます。ただし、SMSは相手を問わず利用できるのに対し、+メッセージは、相手も+メッセージを利用している場合のみやり取りが行えます。相手が+メッセージを利用していない場合は、SMSとしてテキスト文のみが送信されます。

ドコモメールを設定する

Application

SH-53Dでは「ドコモメール」を利用できます。ここでは、ドコモメールの初期設定方法を解説します。なお、ドコモショップなどで、すでに設定を行っている場合は、ここでの操作は必要ありません。

ドコモメールの利用を開始する

(1) ホーム画面で⊠をタッチします。

タッチする

(3) 「アプリへのアクセス許可」画面では [許可] をタッチして進みます。

連絡先へのアクセスを「ドコモメール」に許可しますか?

許可

許可しない

タッチする

(2) 許可についての説明が表示されたら [次へ] をタッチします。

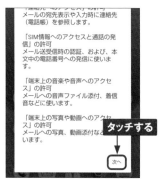

メールの宛先表示や入力時に連絡先（電話帳）を参照します。

「SIM情報へのアクセスと通話の発信」の許可
メール送受信時の認証、および、本文中の電話番号への発信に使います。

「端末上の音楽や音声へのアクセス」の許可
メールへの音声ファイル添付、着信音などに使います。

「端末上の写真や動画へのアクセス」の許可
メールへの写真、動画添付など　タッチする
います。

次へ

(4) プライバシーポリシー」画面で [利用開始] をタッチします。

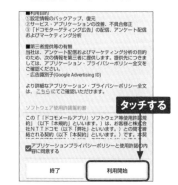

■利用目的
①設定情報のバックアップ、復元
②サービス・アプリケーションの改善、不具合修正
③「ドコモターゲティング広告」の配信、アンケート配信およびマーケティング分析

■第三者提供等の有無
当社は、アンケート配信およびマーケティング分析の目的のため、次の情報を第三者に提供します。提供先につきましては、アプリケーション・プライバシーポリシー全文をご確認ください。
・広告識別子(Google Advertising ID)

より詳細なアプリケーション・プライバシーポリシー全文は、こちらにてご確認いただけます。

ソフトウェア使用許諾契約書　タッチする

この「「ドコモメールアプリ」ソフトウェア等使用許諾契約」（以下「本規約」といいます。）は、お客様と株式会社NTTドコモ（以下「弊社」といいます。）との間で締結される契約（以下「本契約」といいます。）です。本契

☑アプリケーションプライバシーポリシーと使用許諾の内容に同意する

終了　　　利用開始

⑤ 「メッセージS利用許諾」画面で [利用開始] をタッチします。

⑥ 「アプリ更新情報」画面が表示されたら、[閉じる] をタッチします。

⑦ 「文字サイズ設定」画面で [OK] をタッチします。「設定情報の復元」画面が表示された場合は、過去の設定を復元する/しないを選択します。

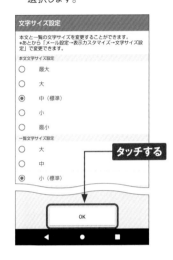

⑧ 「フォルダー覧」画面が表示されます。次回からは、ホーム画面の「ドコモメール」をタッチするとアプリが起動します。

3

ドコモメールのアドレスを変更する

NTTドコモの回線を契約した当初は、ドコモメールのアドレスにランダムな文字列が設定されています。自分や知り合いが覚えやすいアドレスに変更しましょう。

① P.62手順①を参考に「ドコモメール」を起動し、[その他] → [メール設定] をタッチします。

③ 「ログイン」画面が表示された場合は、画面に従ってdアカウントのパスワード、もしくはspモードパスワードを入力して進みます。

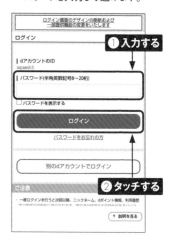

② 「メール設定」画面が表示されます。[ドコモメール設定サイト] をタッチします。

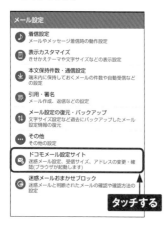

④ [メール設定内容の確認] をタッチします。

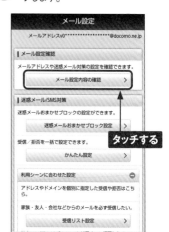

⑤ [メールアドレスの変更] をタッチ
します。注意事項が表示されたら
内容を確認し、[継続する] をタッ
チして [次へ] をタッチします。

⑥ [自分で希望するアドレスに変更
する] をタッチして選択し、希望
するアドレスを入力して [確認す
る] をタッチします。

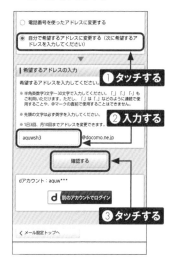

⑦ [設定を確定する]をタッチします。
◀ を何度かタッチして、手順①の
画面に戻ります。

⑧ [更新] をタッチします。画面上
部に新しいメールアドレスが表示
されます。

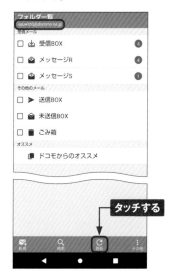

ドコモメールを利用する

Application

P.64 ～ 65で変更したメールアドレスで、ドコモメールを使ってみましょう。ほかの携帯電話とほとんど同じ感覚で、メールの閲覧や返信、新規作成が行えます。

ドコモメールを新規作成する

1 ホーム画面で⊠をタッチします。

タッチする

2 「フォルダー覧」画面左下の［新規］をタッチします。「フォルダー覧」画面が表示されていないときは、◀を何度かタッチします。

タッチする

3 新規メールの「作成」画面が表示されるので、回をタッチします。「To」欄に直接メールアドレスを入力することもできます。

作成	送信	その他
To		回
件名		
本文		

タッチする

4 電話帳に登録した連絡先のアドレスが名前順に表示されるので、送信したい宛先をタッチしてチェックを付け、［決定］をタッチします。履歴から宛先を選ぶこともできます。

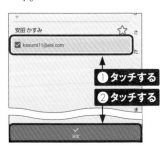

安田 かすみ

☑ kasumi11@aol.com

❶ タッチする
❷ タッチする

決定

5 「件名」欄をタッチして、タイトルを入力し、「本文」欄をタッチします。

❶入力する
❷タッチする

6 メールの本文を入力します。

入力する

7 [送信] をタッチすると、メールを送信できます。なお、[添付]をタッチすると、写真などのファイルを添付できます。

タッチする

写真を添付することができる

3

MEMO 文字サイズの変更

ドコモメールでは、メール本文や一覧表示時の文字サイズを変更することができます。P.66手順②で画面右下の [その他] をタッチし、[メール設定] → [表示カスタマイズ] → [文字サイズ設定] の順にタッチし、好みの文字サイズをタッチします。

📧 受信したメールを読む

(1) ドコモメールを受信すると、ステータスバーにお知らせアイコンが表示されます。ホーム画面の🖂をタッチします。

(2) 「フォルダー覧」画面が表示されたら、[受信BOX] をタッチします。

(3) 受信したメールの一覧が表示されます。内容を閲覧したいメールをタッチします。

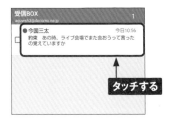

(4) メールの内容が表示されます。宛先横の◯をタッチすると、宛先のアドレスと件名が表示されます。

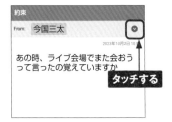

MEMO　メールの削除

手順③の「受信BOX」画面で削除したいメールの左にある□をタッチしてチェックを付け、画面下部のメニューから [削除] をタッチすると、メールを削除できます。

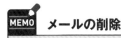

受信したメールに返信する

(1) P.68を参考に受信したメールを表示し、画面左下の[返信]をタッチします。

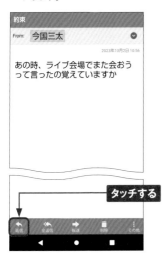

(3) [送信]をタッチすると、返信のメールが相手に送信されます。

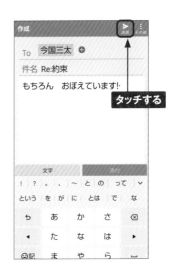

(2) 「作成」画面が表示されるので、相手に返信する本文を入力します。

MEMO フォルダの作成

ドコモメールではフォルダでメールを管理できます。フォルダを作成するには、「フォルダ一覧」画面で画面右下の[その他]→[フォルダ新規作成]の順にタッチします。

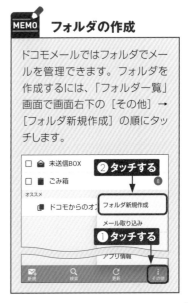

3

69

メールを自動振分けする

Application

ドコモメールは、送受信したメールを自動的に指定したフォルダへ振分けることができます。ここでは、振分けのルールの作成手順を解説します。

振分けルールを作成する

1 「フォルダー覧」画面で画面右下の[その他]をタッチし、[メール振分け]をタッチします。

- ② タッチする → メール振分け
- ① タッチする

2 「振分けルール」画面が表示されるので、[新規ルール]をタッチします。

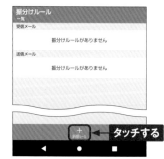

タッチする

3 [受信メール]または[送信メール](ここでは[受信メール])をタッチします。

振分けルールがありません

ルールの適用対象
受信メール
送信メール
キャンセル

タッチする

MEMO 振分けルールの作成

ここでは、受信したメールを「差出人のメールアドレス」でフォルダに振り分けるルールを作成しています。なお、手順③で[送信メール]をタッチすると、送信したメールの振分けルールを作成できます。

④ 「振分け条件」の［新しい条件を追加する］をタッチします。

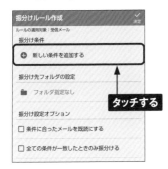

⑤ 振分けの条件を設定します。「対象項目」のいずれか（ここでは［差出人で振り分ける］）をタッチします。

⑥ 任意のキーワード（ここではメールアドレスのドメイン名）を入力して、［決定］をタッチします。

⑦ 手順④の画面に戻るので［フォルダ指定なし］をタッチし、［振分け先フォルダを作る］をタッチします。

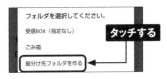

⑧ フォルダ名を入力し、希望があればフォルダのアイコンを選択して、［決定］をタッチします。「確認」画面が表示されたら、［OK］をタッチします。

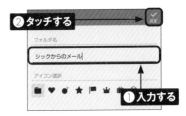

⑨ ［決定］をタッチします。「振分け」画面が表示されたら、［OK］をタッチします。

⑩ 振分けルールが登録されます。

3

迷惑メールを防ぐ

Application

ドコモメールでは、受信したくないメールを、ドメインやアドレス別に細かく設定することができます。スパムメールなどの受信を拒否したい場合などに設定しておきましょう。

受信拒否リストを設定する

1 「フォルダー覧」画面で[その他]→[メール設定]の順にタッチします。

2 [ドコモメール設定サイト]をタッチします。

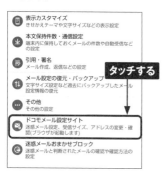

3 「パスワード確認」画面が表示された場合は、画面に従ってdアカウントのパスワード、もしくはspモードパスワードを入力して進みます。

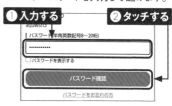

MEMO 迷惑メールおまかせブロックとは

ドコモでは、迷惑メールフィルターの設定のほかに、迷惑メールを自動で判定してブロックする「迷惑メールおまかせブロック」という、より強力な迷惑メール対策サービスがあります。月額利用料金は220円ですが、これは「あんしんセキュリティ」の料金なので、同サービスを契約していれば、「迷惑メールおまかせブロック」も追加料金不要で利用できます。

④ 「メール設定」画面で［拒否リスト設定］をタッチします。

⑤ 「拒否リスト設定」欄の［設定を利用する］をタッチし、「拒否するメールアドレスの登録」欄の［さらに追加する］をタッチします。

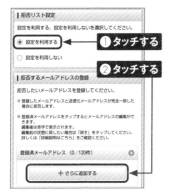

⑥ 受信を拒否するメールアドレスを入力します。続けてほかのメールアドレスを登録する場合は、［さらに追加する］をタッチします。

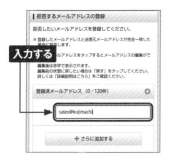

⑦ 受信を拒否するメールのドメインを登録する場合は、「拒否するドメインの登録」欄の［さらに追加する］をタッチして、手順⑥と同様にドメインを入力します。

⑧ 登録が終わったら、下部の［確認する］をタッチします。

⑨ ［設定を確認する］→［メール設定トップへ］の順にタッチします。

Application

＋メッセージを利用する

「＋メッセージ」アプリでは、携帯電話番号を宛先にして、テキストや写真、ビデオ、スタンプなどを送信できます。「＋メッセージ」アプリを使用していない相手とはSMSでやり取りが可能です。

＋メッセージとは

SH-53Dでは、「＋メッセージ」アプリで＋メッセージとSMSが利用できます。＋メッセージでは文字が全角2,730文字、そのほかに100MBまでの写真や動画、スタンプ、音声メッセージをやり取りでき、グループメッセージや現在地の送受信機能もあります。パケットを使用するため、パケット定額のコースを契約していれば、とくに料金は発生しません。なお、SMSではテキストメッセージしか送れず、別途送信料もかかります。

また、＋メッセージは、相手も＋メッセージを利用している場合のみ利用できます。＋メッセージとSMSどちらが利用できるかは自動的に判別されますが、画面の表示からも判断することができます（下図参照）。

「＋メッセージ」アプリで表示される連絡先の相手画面です。＋メッセージを利用している相手には、↻が表示されます。プロフィールアイコンが設定されている場合は、アイコンが表示されます。

相手が＋メッセージを利用していない場合は、メッセージ画面の名前欄とメッセージ欄に「SMS」と表示されます（上図）。＋メッセージを利用している相手の場合は、何も表示されません（下図）。

メッセージを送信する

(1) ホーム画面を左方向にフリックし、[+メッセージ]をタッチします。初回は許可画面などが表示されるので、画面に従って操作します。

(2) 新しくメッセージを作成する場合は、[メッセージ]をタッチして、●をタッチします。

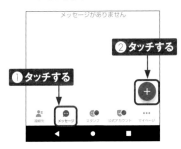

(3) [新しいメッセージ]をタッチします。

(4) [名前や電話番号を入力]をタッチして、送信先の電話番号を入力します。登録している連絡先の名前をタッチして送信先を指定することもできます。

(5) 入力欄をタッチしてメッセージを入力し、●をタッチします。

(6) 送信したメッセージが画面の右側にフキダシで表示されます。

メッセージを受信する

1 メッセージを受信すると、ステータスバーにお知らせアイコンが表示されます。ステータスバーを下方向にドラッグします。

2 ＋メッセージの通知をタッチします。

3 受信したメッセージが、画面の左側にフキダシで表示されます。入力欄にメッセージを入力して、● をタッチして返信します。

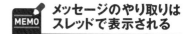

MEMO メッセージのやり取りはスレッドで表示される

やり取りしたメッセージは、相手ごとにまとまって表示されます。このまとまりを「スレッド」と呼びます。スレッドをタッチすると、これまでのメッセージのやり取りが展開して表示されます。

＋メッセージで写真や動画を送る

1. P.75手順②の画面で、[連絡先]をタッチし、☝の付いた相手をタッチします。

2. [メッセージ]をタッチします。

3. ⊕をタッチします。なお、📷をタッチするとその場で写真を撮影して送信、☺をタッチするとスタンプを送信できます。

4. 🖼をタッチすると、保存されている写真が表示されるので、選んでタッチします。

5. ▶をタッチします。

6. 写真が送信されます。「＋メッセージ」では、メールのように写真とメッセージを一緒に送ることはできません。

Application

Gmailを利用する

SH-53DにGoogleアカウントを登録すると（Sec.11参照）、すぐにGmailを利用することができます。パソコンでラベルや振分け設定を行うことで、より便利に利用できます（P.79MEMO参照）。

受信したメールを読む

(1) ホーム画面のGoogleフォルダを開いて［Gmail］をタッチします。

タッチする

(2) 画面の指示に従って操作すると、「メイン」画面が表示されます。画面を上方向にスライドして、読みたいメールをタッチします。

① スライドする

② タッチする

(3) メールの差出人やメール受信日時、メール内容が表示されます。画面左上の←をタッチすると、受信トレイに戻ります。なお、↩をタッチすると、表示中のメールに返信することができます。

タッチする　　返信する

MEMO Googleアカウントの同期

Gmailを使用する前に、Sec.11の方法でSH-53Dに自分のGoogleアカウントを設定しましょう。P.33手順⑦の画面で「Gmail」をオンにしておくと、Gmailも自動的に同期されます。すでにGmailを使用している場合は、受信トレイの内容がそのままSH-53Dでも表示されます。

メールを送信する

(1) 「Gmail」の「メイン」画面を表示して、[作成]をタッチします。

タッチする

(2) メールの「作成」画面が表示されます。[宛先]をタッチして、メールアドレスを入力します。登録済みの連絡先であれば、表示される候補をタッチします。

入力する

(3) 件名とメールの内容を入力し、▷をタッチすると、メールが送信されます。

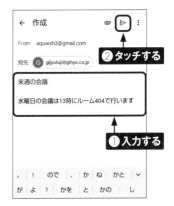

② タッチする

① 入力する

3

MEMO **メニューの表示**

「Gmail」の画面を左端から右方向にフリックすると、メニューが表示されます。メニューでは、「メイン」以外のカテゴリやラベルを表示したり、送信済みメールを表示したりできます。なお、ラベルの作成や振分け設定は、パソコンのWebブラウザで「https://mail.google.com/」にアクセスして行います。

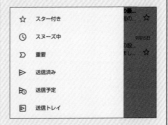

Application

PCメールを設定する

SH-53DでPCメールやWebメールを利用する場合は、「Gmail」アプリを使います。ここでは、PCメールを「Gmail」アプリで利用するための設定方法を紹介します。

PCメールを設定する

(1) 「Gmail」アプリの画面右上の頭文字のアイコン、またはプロフィールの写真をタッチします。

(2) [別のアカウントを追加] をタッチします。

(3) [その他] をタッチします。

(4) PCメールのメールアドレスを入力して、[次へ] をタッチします。

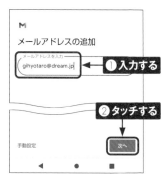

⑤ アカウントの種類を選んでタップします。

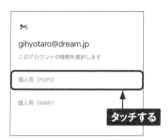

⑥ PCメールのパスワードを入力して[次へ]をタッチします。

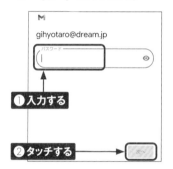

⑦ 受信サーバーを入力して[次へ]をタップし、次の画面で送信サーバーを入力して[次へ]をタップします。

⑧ アカウントのオプションを確認して、[次へ]をタッチします。

⑨ メールアドレスを確認して、[次へ]をタッチします。

⑩ 手順②の画面に、追加したPCメールのアカウントが表示されます。アカウントをタッチしてPCメールを利用することができます。

Application

Webページを閲覧する

SH-53Dでは、「Chrome」アプリでWebページを閲覧することができます。Googleアカウントでログインすることで、パソコン用の「Google Chrome」とブックマークや履歴の共有が行えます。

Webページを表示する

(1) ホーム画面を表示して、◉をタッチします。初回起動時はアカウントの確認画面が表示されるので、[同意して続行]をタッチし、「Chromeにログイン」画面でアカウントを選択して[続行]→[有効にする]の順にタッチします。

(2) 「Chrome」アプリが起動して、Webページが表示されます。URL入力欄が表示されない場合は、画面を下方向にフリックすると表示されます。

(3) URL入力欄をタッチし、URLを入力して、➡をタッチします。

(4) 入力したURLのWebページが表示されます。

📖 Webページを移動する

(1) Webページの閲覧中に、リンク先のページに移動したい場合、ページ内のリンクをタッチします。

(3) 画面右上の⋮をタッチして、→をタッチすると、前のページに進みます。

(2) ページが移動します。◀をタッチすると、タッチした回数分だけページが戻ります。

(4) ⋮をタッチして、Ｃをタッチすると、表示しているページが更新されます。

Application

Webページを検索する

「Chrome」アプリのURL入力欄に文字列を入力すると、Google検索が利用できます。また、Webページ内の文字を選択して、Google検索を行うことも可能です。

キーワードを入力してWebページを検索する

(1) Webページを開いた状態で、URL入力欄をタッチします。

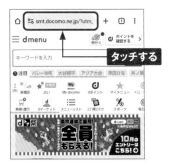

(2) 検索したいキーワードを入力して、→をタッチします。

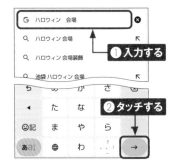

(3) Google検索が実行され、検索結果が表示されるので、開きたいページのリンクをタッチします。

(4) リンク先のページが表示されます。手順③の検索結果画面に戻る場合は、◀をタッチします。

キーワードを選択してWebページを検索する

① Webページ内の単語をロングタッチします。

昨年度のキッズ仮装パレードの様子

ようやくコロナ禍以前(2019年)の規模に復活！10/25は**吉祥寺**駅前の平和通りを封鎖してキッズ仮装パレードを実施、ママ応援マ...

吉祥寺ハロウィンフェスタは、友達や家族とみんなで楽しめるハロウィンイベント。お菓子ラリーをはじめ、キッズ仮装パレード、SNSフォトコンテストなどが楽しめます。吉祥...

ロングタッチする

開催期間	2023/10/25(水)～2023/10/29(日)
雨天時情報	天候による変更なし
時間	10:00～18:00
開催場所	吉祥寺駅（京王電鉄）

② 単語の左右の ●● をドラッグして、検索ワードを選択します。表示されたメニューの［ウェブ検索］をタッチします。

コピー　共有　すべて選択　ウェブ検索　⋮

活！10/25は**吉祥寺**駅前の平和通りを封鎖してキッズ仮... ...じめ、キッズ仮...吉祥寺ハロウ...

①ドラッグする　　**②タッチする**

開催期間	2023/10/25(水)～2023/10/29(日)
雨天時情報	天候による変更なし
時間	10:00～18:00
開催場所	吉祥寺駅（京王電鉄）

③ 検索結果が表示されます。上下にスライドしてリンクをタッチすると、リンク先のページが表示されます。

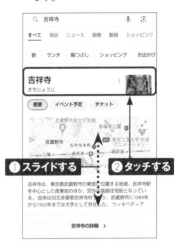

🔍 吉祥寺　　　　　　　　🎤　ⓒ

すべて　地図　ニュース　画像　動画　ショッピング

駅　ランチ　暇つぶし　ショッピング　お出かけ

吉祥寺　　　　　⋮
きちじょうじ

概要　イベント予定　チケット

吉祥寺は、東京都武蔵野市の東部に位置する地域。吉祥寺駅を中心とした商業地のほか、郊外は高級住宅街となっている。由来は旧多摩郡吉祥寺村であり、武蔵野市に1889年から1962年までは大字として存在した。ウィキペディア

吉祥寺の詳細 ＞

①スライドする　**②タッチする**

MEMO **ページ内検索**

「Chrome」アプリでWebページを表示し、⋮→［ページ内検索］の順にタッチします。表示される検索バーにテキストを入力すると、ページ内の合致したテキストがハイライト表示されます。

ページ内検索　　　∧　∨　✕

タッチする

🏠　イベント∨　グルメ∨　豆知識

池袋駅　東京都
池袋ハロウィンコスプレフェス2023

85

Application

ブックマークを利用する

「Chrome」アプリでは、WebページのURLを「ブックマーク」に追加し、好きなときにすぐに表示することができます。よく閲覧するWebページはブックマークに追加しておくと便利です。

ブックマークを追加する

1 ブックマークに追加したいWebページを表示して、⋮をタッチします。

2 ☆をタッチします。

3 ブックマークが追加されます。[編集]をタッチします。

4 名前や保存先のフォルダなどを編集し、←をタッチします。

①編集する
②タッチする

MEMO ホーム画面にショートカットを配置する

手順②の画面で[ホーム画面に追加]をタッチすると、表示しているWebページのショートカットをホーム画面に配置できます。

◆ 電子書籍・雑誌を 読んでみよう！

技術評論社　GDP	検索

で検索、もしくは左のQRコード・下の
URLからアクセスできます。

https://gihyo.jp/dp

1 アカウントを登録後、ログインします。
【外部サービス（Google、Facebook、Yahoo!JAPAN）
でもログイン可能】

2 ラインナップは入門書から専門書、
趣味書まで3,500点以上！

3 購入したい書籍を 🛒 カート に入れます。

4 お支払いは「**PayPal**」にて決済します。

5 さあ、電子書籍の
読書スタートです！

も電子版で読める!

電子版定期購読が
お得に楽しめる!

くわしくは、
「**Gihyo Digital Publishing**」
のトップページをご覧ください。

電子書籍をプレゼントしよう!

ihyo Digital Publishing でお買い求めいただける特定の商
品と引き替えが可能な、ギフトコードをご購入いただけるようにな
ました。おすすめの電子書籍や電子雑誌を贈ってみませんか?

こんなシーンで…
- ●ご入学のお祝いに　●新社会人への贈り物に
- ●イベントやコンテストのプレゼントに　………

●**ギフトコードとは?**　Gihyo Digital Publishing で販売してい
る商品と引き替えできるクーポンコードです。コードと商品は一
ーで結びつけられています。

くわしいご利用方法は、「Gihyo Digital Publishing」をご覧ください。

電脳会議

紙面版

新規送付の
お申し込みは…

電脳会議事務局　　　　検　索

で検索、もしくは以下の QR コード・URL から
登録をお願いします。

https://gihyo.jp/site/inquiry/dennou

「電脳会議」紙面版の送付は送料含め費用は
一切無料です。
登録時の個人情報の取扱については、株式
会社技術評論社のプライバシーポリシーに準
じます。

技術評論社のプライバシーポリシー
はこちらを検索。

https://gihyo.jp/site/policy/

技術評論社　　電脳会議事務局
〒162-0846 東京都新宿区市谷左内町21-13

ブックマークからWebページを表示する

① 「Chrome」アプリを起動し、URL入力欄を表示して、⋮をタッチします。

タッチする

さつまいもを使った料理のなかでも、とくに「大学いも」が好きな人は少なくないはず。

以前、タレントの辻希美さんが自身のYouTubeで紹介したレシピが、自宅で超簡単にできて最高に絶品でした…！

【動画】辻希美「超簡単大学いも」のレシピ

画像をもっと見る■フライパン1つで「超簡単大学いも」

後楽園で評判!おすすめの

② [ブックマーク]をタッチします。

- ⊞ 新しいタブ
- 🕶 新しいシークレットタブ
- ⏱ 履歴
- ⬇ ダウンロード
- ★ ブックマーク
- 🗔 最近使ったタブ
- < 共有... ← タッチする
- 🔍 ページ内検索
- 🅐 翻訳...
- 🏠 ホーム画面に追加
- 🖥 PC版サイト ☐
- ⚙ 設定
- ⑦ ヘルプとフィードバック

③ [モバイルのブックマーク]をタッチして開き、ブックマークを選んでタッチします。

タッチする

④ Webページが表示されます。

「暑い日のネコ」

秋の夕方、汗だくで帰宅した飼い主。秋といえど、まだ外の気温は暑かったようです。

汗を手でぬぐいながら、エアコンが効いた涼しい部屋のソファに腰掛けると、キュルガが近付いてきました。

 ブックマークの削除

手順③の画面で削除したいブックマークの⋮をタッチし、[削除]をタッチすると、ブックマークを削除できます。

複数のWebページを
同時に開く

Application

「Chrome」アプリでは、複数のWebページをタブを切り替えて同時に開くことができます。また、複数のタブをまとめて管理できるグループ機能もあります。

新しいタブを開く

1 ：をタッチし、[新しいタブ] をタッチします。

タッチする

2 新しいタブが開きます。

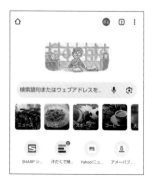

3 タブ切り替えアイコンをタッチします。

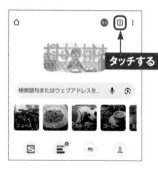

タッチする

4 タブの一覧が表示されるので、大きく表示したいページのタブをタッチします。×をタッチすると、タブを閉じることができます。

タッチする

新しいタブをグループで開く

(1) ページ内にあるリンクを新しいタブで開きたい場合は、そのリンクをロングタッチします。

(2) [新しいタブをグループで開く] をタッチします。

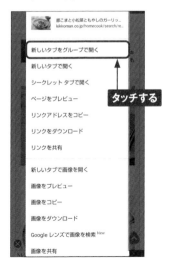

(3) リンク先のページがグループ内に新しいタブで開きます。画面下部のアイコンをタッチすると、タブを切り替えることができます。❸をタッチすると、開いているタブを閉じることができます。

MEMO グループとは

「Chrome」アプリでは、複数のタブを1つのグループにすることができます。ニュースサイトごと、SNSごとというように、タブをまとめて管理しやすくする機能です。また、Webサイトによっては、リンクをタッチするとリンク先のページが自動的にグループで開くこともあります。

開いているタブをグループにまとめる

① 複数のタブを開いている状態で、タブ切り替えアイコンをタッチします。

③ グループをタッチします。

② 開いているタブとグループが表示されます。タブをロングタッチして、ほかのタブやグループの上にドラッグすると、グループにまとめることができます。

④ グループが大きく表示されます。タブをタッチすると、ページが表示されます。

Googleのサービスを
使いこなす

Googleアシスタントを利用する

Application

SH-53Dでは、Googleの音声アシスタントサービス「Googleアシスタント」を利用できます。アシスタントキーを押すだけで起動でき、音声でさまざまな操作をすることができます。

Googleアシスタントの利用を開始する

1 起動中に、電源ボタンを長押しするか、○をロングタッチします。

ロングタッチする

2 Googleアシスタントの開始画面が表示されます。

3 Googleアシスタントが利用できるようになります。

はじめまして、喜三さん。Google アシスタントです。知りたいこと、やりたいことをサポートします。例えばこんなことができますよ。

次のように言ってみてください

雑学を知る
"豆知識を教えて"

MEMO 音声でアシスタントを起動する

音声を登録すると、スリープモードでも、「OK Google (オーケーグーグル)」と発声して、すぐにGoogleアシスタントを使うことができます。「設定」アプリで、[Google] → [Googleアプリの設定] → [検索、アシスタントと音声] → [Googleアシスタント] → [OK GoogleとVoice Match] → [Hey Google]の順にタッチして、画面にしたがって音声を登録します。

4

Googleアシスタントへの問いかけ例

Googleアシスタントを利用すると、語句の検索だけでなく予定やリマインダーの設定、電話やメールの発信など、SH-53Dに話しかけることでさまざまな操作ができます。まずは、「何ができる?」と聞いてみましょう。

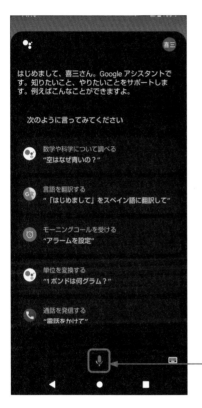

タッチして話しかける

●調べ物

「1フィートは何センチメートル?」
「SDGsってなに?」
「吉良邸の討ち入りはいつ?」

●楽しいこと

「サーバルキャットの鳴き声は?」
「コインを投げて」
「おみくじを引きたい」

●スマホやアプリの操作

「タイマー 3分!」
「メッセージを送って」
「お母さんに電話をかけて」
「新宿駅までのルートは?」
「中国語に翻訳　これはいくらですか?」

4

 ### Googleアシスタントから利用できないアプリ

たとえば、Googleアシスタントで「○○さんにメールして」と話しかけると、「Gmail」アプリ(Sec.26参照)が起動し、ドコモの「ドコモメール」アプリ(Sec.22参照)は利用できません。このように、Googleアシスタントでは Googleのアプリが優先され、一部のアプリはGoogleアシスタントからは利用できません。

Google Playで
アプリを検索する

Application

SH-53Dは、Google Playに公開されているアプリをインストールすることで、さまざまな機能を利用できるようになります。まずは、目的のアプリを探す方法を解説します。

アプリを検索する

(1) ホーム画面で[Playストア]をタッチします。

タッチする

(2) 「Playストア」アプリが起動するので、[アプリ]をタッチし、[カテゴリ]をタッチします。

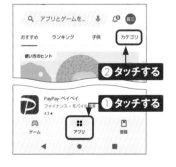

② タッチする

① タッチする

(3) アプリのカテゴリが表示されます。画面を上下にスライドします。

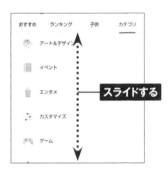

おすすめ　ランキング　子供　カテゴリ

アート&デザイン

イベント

エンタメ

カスタマイズ

ゲーム

スライドする

(4) 見たいジャンル(ここでは[ツール])をタッチします。

おすすめ　ランキング　子供　カテゴリ

ショッピング

スポーツ

ソーシャルネットワーク

タッチする

ツール

ニュース&雑誌

ビジネス

5 「ツール」に属するアプリが表示されます。上方向にスライドし、「人気のツールアプリ（無料）」の→をタッチします。

6 「無料」のアプリが一覧で表示されます。詳細を確認したいアプリをタッチします。

7 アプリの詳細な情報が表示されます。人気のアプリでは、ユーザーレビューも読めます。

MEMO キーワードでの検索

Google Playでは、キーワードからアプリを検索できます。検索機能を利用するには、手順②の画面で画面上部の検索ボックスをタッチしてキーワードを入力し、キーボードの をタッチします。

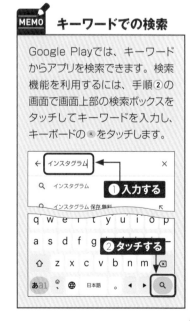

アプリをインストール／
アンインストールする

Application

Google Playで目的の無料アプリを見つけたら、インストールして
みましょう。なお、不要になったアプリは、Google Playからアンイ
ンストール（削除）できます。

アプリをインストールする

1 Google Playでアプリの詳細画
面を表示し（P.95手順**6**～**7**参
照）、［インストール］をタッチしま
す。

2 アプリのダウンロードとインストー
ルが始まります。

3 アプリのインストールが完了しま
す。アプリを起動するには、［開く］
をタッチするか、アプリ一覧画面
のアイコンをタッチします。

MEMO ホーム画面にアイコン
を追加したい

ホーム画面にアイコンを追加した
い場合は、ホーム画面の何もな
いところをロングタッチし、［ホー
ム設定］→［ホーム画面にアプ
リのアイコンを追加］の順にタッ
チして、オンにします。

アプリをアップデートする／アンインストールする

●アプリをアップデートする

① 「Google Play」のトップ画面で右上のアカウントアイコンをタッチし、表示されるメニューの［アプリとデバイスの管理］をタッチします。

② アップデート可能なアプリがある場合、「利用可能なアップデートがあります」と表示されます。［すべて更新］をタッチすると、アプリが一括で更新されます。

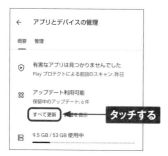

●アプリをアンインストールする

① 左側の手順②の画面で［管理］をタッチし、アンインストールしたいアプリをタッチします。

② アプリの詳細が表示されます。［アンインストール］をタッチし、確認画面で［アンインストール］をタッチするとアンインストールされます。

4

 ドコモのアプリのアップデートとアンインストール

ドコモで提供されているアプリは、上記の方法ではアップデートやアンインストールが行えないことがあります。詳しくは、Sec.53を参照してください。

Application

有料アプリを購入する

有料アプリを購入する場合、「NTTドコモの決済を利用」「クレジットカード」「Google Playギフトカード」などの支払い方法が選べます。ここでは、クレジットカードを登録する方法を解説します。

クレジットカードで有料アプリを購入する

1 有料アプリを選択し、アプリの価格が表示されたボタンをタッチします。

3 「カードを追加」画面で「カード番号」などを入力します。

2 支払い方法の選択画面が表示されます。ここでは、[カードを追加]をタッチします。

MEMO Google Play ギフトカードとは

コンビニなどで販売されている「Google Playギフトカード」を利用すると、プリペイド方式でアプリを購入することができます。クレジットカードを登録したくないときに便利です。利用するには、P.97左の手順①の画面で[お支払いと定期購入] → [ギフトコードの利用] の順にタッチします。

名前などを入力して［保存］をタッチします。

❶入力する
❷タッチする

⑤ ［1クリックで購入］または［購入］をタッチします。

タッチする

⑥ 認証についての画面が表示されたら、［常に要求する］もしくは［要求しない］をタッチします。［OK］→［OK］の順にタッチすると、アプリのダウンロードとインストールが始まります。

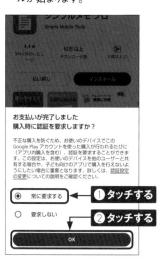

お支払いが完了しました
購入時に認証を要求しますか？

不正な購入を防ぐため、お使いのデバイスでこのGoogle Play アカウントを使った購入が行われるたびに（アプリ内購入を含む）、認証を要求することができます。この設定は、お使いのデバイスを他のユーザーと共有する場合や、子ども向けのアプリで購入を行えないようにしたい場合に重要となります。詳しくは、認証設定の変更についての説明をご確認ください。

◉ 常に要求する ❶タッチする
○ 要求しない ❷タッチする

OK

MEMO 購入したアプリの払い戻し

有料アプリは、購入してから2時間以内であれば、返品して全額払い戻しを受けることができます。返品するには、P.97右側を参考に購入したアプリの詳細画面を表示し、［払い戻し］をタッチします。なお、払い戻しできるのは、1つのアプリにつき1回だけです。

シンプルメモ プロ
Simple Mobile Tools

払い戻し　　開く

Googleマップを
使いこなす

Application

Googleマップを利用すれば、自分の今いる場所や、現在地から
目的地までの道順を地図上に表示できます。なお、Googleマップ
のバージョンによっては、本書と表示内容が異なる場合があります。

マップを利用する準備を行う

1 「設定」アプリを開いて［位置情報］をタッチします。

Q 設定を検索

👤 ユーザー補助
　　ディスプレイ、操作、音声

⊘ セキュリティとプライバシー
　　アプリのセキュリティ、デバイスのロック、権限

⊙ 位置情報
　　ON・6 個のアプリに位置情報へのアクセスを許可

＊ 緊急情報と緊急通報
　　緊急 SOS、医療情報、アラート　**タッチする**

2 ［位置情報を使用］がオフになっていたらタッチし、［設定する］をタッチしてオンにします。

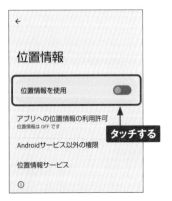

←

位置情報

位置情報を使用　⬤

アプリへの位置情報の利用許可
位置情報は OFF です　**タッチする**

Androidサービス以外の権限

位置情報サービス

ⓘ

3 ［位置情報サービス］をタッチします。

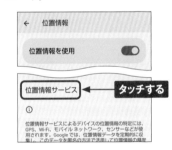

← 位置情報

位置情報を使用　⬤

位置情報サービス　◀━━　**タッチする**

ⓘ

位置情報サービスによるデバイスの位置情報の特定には、
GPS、Wi-Fi、モバイルネットワーク、センサーなどが使
用されます。Google では、位置情報データを定期的に収
集し、このデータを匿名の方法で活用して位置情報の精度

4 「Google位置情報の精度」を［ON］にすると、Wi-FiやBluetoothからも位置情報を取得します。併せて「Wi-Fiスキャン」「Bluetoothのスキャン」を［ON］にすると、常にスキャンが行われるようになります。

Google 位置情報の精度
ON

Google 現在地の共有機能
OFF

地震アラート
ON

緊急位置情報
サービス
ON

Wi-Fi スキャン

4

現在地を表示する

(1) ホーム画面の「Google」フォルダをタッチして開き、[マップ] をタッチします。

(2) 「マップ」アプリが起動します。◇をタッチし、初回は [アプリの使用時のみ] → [有効にする] の順にタッチします。

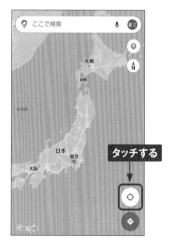

(3) [正確] をタッチし、[アプリの使用時のみ] もしくは [今回のみ] をタッチします。

(4) 現在地が表示されます。地図の拡大はピンチアウト、縮小はピンチインで行います。スライドすると表示位置を移動できます。

4

目的地までのルートを検索する

1 P.101手順④の画面で◎をタッチし、移動手段（ここでは🚌）をタッチして、[目的地を入力]をタッチします。出発地を現在地から変えたい場合は、[現在地]をタッチして変更します。

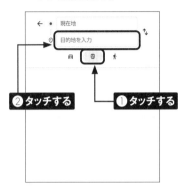

2 目的地を入力し、検索結果の候補から目的の場所をタッチします。

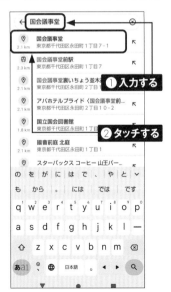

3 ルートの候補が表示されます。利用したいルートをタッチします。

4 ルートが地図上に表示されます。

MEMO ナビの利用

「マップ」アプリには、「ナビ」機能が搭載されています。手順④の画面に表示される[ナビ開始]をタッチすると、「ナビ」が起動します。現在地から目的地までのルートを音声ガイダンス付きで案内してくれます。

周辺の施設を検索する

(1) 施設を検索したい場所を表示し、検索ボックスをタッチします。

タッチする

(2) 探したい施設を入力し、🔍 をタッチします。

❶入力する

❷タッチする

(3) 該当するスポットが一覧で表示されます。上下にスライドして、気になるスポットをタッチします。

❶スライドする

❷タッチする

(4) 選択した施設の情報が表示されます。

4

YouTubeで世界中の動画を楽しむ

Application

世界最大の動画共有サイトであるYouTubeの動画は、SH-53Dでも視聴することができます。高画質の動画を再生可能で、一時停止や再生位置の変更も行えます。

YouTubeの動画を検索して視聴する

1 ホーム画面の「Google」フォルダをタッチして開き、[YouTube]をタッチします。

2 YouTube Premiumに関する画面が表示された場合は、[スキップ]をタッチします。YouTubeのトップページが表示されるので、Qをタッチします。

3 検索したいキーワードを入力して、Qをタッチします。

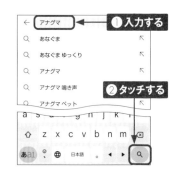

①入力する
②タッチする

4 検索結果一覧の中から、視聴したい動画のサムネイルをタッチすると再生が始まります。

タッチする

⑤ をタッチするか、本体を横向きにしてナビゲーションバーに表示された を タッチすると、画面が横向きに表示されます。画面をタッチします。

⑥ メニューが表示されます。 をタッチすると一時停止します。 をタッチします。

タッチして一時停止

⑦ 再生画面がポップアップして、動画を再生しながら視聴したい動画の選択操作ができます。動画再生を終了するには、×をタッチするか、◀を何度かタッチしてYouTubeを終了します。

4

YouTubeの操作

再生画面のウィンドウ化	自動再生のオン／オフ	字幕のオン／オフ

画質や再生速度の切り替え

全画面表示の切り替え

Googleレンズを
利用する

Googleレンズを利用すると、本体に保存した画像の情報や、カメラのファインダーに写した被写体の情報を調べることができます。花の名前を調べたり、文字をテキスト化して取り込むことができます。

Googleレンズで画像検索する

1 ホーム画面のGoogle検索バーの◉をタッチします。

タッチする

2 「Googleレンズ」アプリが起動します。本体に保存された写真の情報を調べるために[アクセスを許可]をタッチします。

任意の画像で検索

タッチする

写真で検索するには、ギャラリーへのアクセスを許可してください

アクセスを許可

3 アプリの許可画面では、[許可][アプリの使用時のみ]などをタッチして進みます。

このデバイス内の写真と動画へのアクセスを Google に許可しますか？

許可

許可しない

タッチする

写真で検索するには、ギャラリーへのアクセスを許可してください

4 本体内の写真が表示されるので、情報を調べたい写真をタッチします。◉をタッチすると、カメラのファインダーに写した被写体を調べることができます。

Google レンズ

カメラで検索しましょう

タッチする

画像

(5) 下欄に画像を検索した候補が表示されます。候補を選んでタッチします。

タッチする

盆栽　ガジュマル　Indoor bonsa

翻訳　文字認識　**検索**　宿題　ショッピング

(6) Webを検索した結果が表示されます。画面を上方向にスライドし、リンクをクリックして詳細な情報を確認します。

Google

Q 🌱 検索に追加

ガジュマル
植物

ガジュマルは、亜熱帯から熱帯地方に分布するクワ科イチジク属の常緑高木。ウィキペディア

学名：Ficus microcarpa
上位分類：イチジク属
亜属：ベンガルボダイジュ
目：バラ目

フィードバック

L　lovegreen.net
https://lovegreen.net >植物図鑑

ガジュマルの育て方｜植物図鑑
LoveGreen

スライドする

(7) 手順④の画面で、文字の映った画像をタッチし、[文字認識]をタッチします。

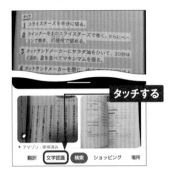

タッチする

翻訳　**文字認識**　検索　ショッピング　場所

(8) 画像内の文字が読み取られます。文字をなぞってテキストとしてコピーしたり、音声で読み上げたりすることができます。

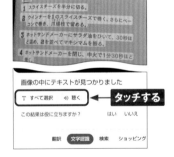

画像の中にテキストが見つかりました

T すべて選択　🔊 聴く　←　タッチする

この結果は役に立ちますか？　はい　いいえ

翻訳　**文字認識**　検索　ショッピング

4

MEMO　Googleレンズでできること

Googleレンズの機能には、「検索」や「文字認識」以外に、文字を翻訳する「翻訳」、教材問題の答えを表示する「宿題」、商品の購入先を探す「ショッピング」、食べ物の情報やレシピを調べる「食事」などがあります。

107

Googleアカウントを
管理する

Googleアカウントの設定状況や利用状況は、Google系のアプリから確認することができます。登録しているユーザー情報や、プライバシー診断、セキュリティの確認などを行うことができます。

アカウントの管理画面を表示する

1 ホーム画面の「Google」フォルダをタッチして開き、[Google]をタッチします。「Google」アプリが開くので、右上のアカウントアイコンをタッチします。

2 [Googleアカウントを管理]をタッチします。

3 登録しているGoogleアカウントの管理画面が表示されます。

4 [個人情報][データとプライバシー][セキュリティ]などのタブをタッチすると、それぞれの情報を確認することができます。

音楽や写真、動画を楽しむ

パソコンからファイルを取り込む

Application

SH-53DはUSB Type-Cケーブルでパソコンと接続して、本体メモリーやmicroSDカードにパソコンの各種データを転送ができます。お気に入りの音楽や写真、動画を取り込みましょう。

パソコンとSH-53Dを接続してデータを転送する

(1) パソコンとSH-53DをUSB Type-Cケーブルで接続します。SH-53Dに「このデバイスをUSBで充電中」という通知が届くので、タッチして開き、「USBの設定」画面で [ファイル転送/Android Auto] をタッチします。

(3) microSDカードを利用している場合は、[Card] と [内部共有ストレージ] が表示されます。ここでは、本体にデータを転送するので、[内部共有ストレージ] をダブルクリックします。

(2) パソコンでエクスプローラーを開き、[PC] の下にある [SH-53D] をクリックします。

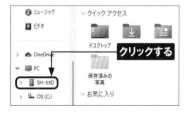

(4) 本体に保存されているフォルダが表示されます。ここでは、新しいフォルダを作ってデータを転送します。エクスプローラー左上の [新規作成]をクリックし、[フォルダー]をクリックします。

(5) フォルダが作成 されるので、フォ ルダ名を入力し ます。

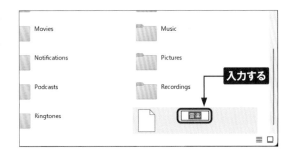

(6) フォルダ名を入力 したら、フォルダ をダブルクリック して開きます。

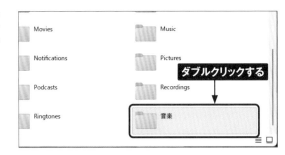

5

(7) 転送したいデー タが入っているパ ソコンのフォルダ を開き、ドラッグ& ドロップで転送し たいファイルや フォルダをコピー します。

(8) ファイルをコピー後、SH-53D のアプリ（ここではFilesアプリ） を起動すると、作成したフォルダ とコピーしたファイルが表示され ます。ここでは音楽ファイルをコ ピーしましたが、写真や動画の ファイルも同じ方法で転送でき ます。

Application

本体内の音楽を聴く

SH-53Dでは、音楽の再生や音楽情報の閲覧などができる
「YouTube Music」を利用することができます。ここでは、本体
に取り込んだ曲のファイルを再生する方法を紹介します。

本体内の音楽ファイルを再生する

① ホーム画面の「Google」フォルダ
を開き、[YT Music] をタッチします。

タッチする

② 初回起動時には、有料プランの
案内が表示されます。ここでは、
右上の×をタッチします。

タッチする

YouTube Music Premium

1か月間無料トライアル・¥1,080/月

YouTube Music アプリで広告のない音楽を
バックグラウンド再生

③ 「好きなアーティストの選択」画面
で、任意のアーティストをタッチし
て選択し、[完了] をタッチします。

好きなアーティストを5組選
択してください

他の曲も聴いてみよう

Latto　リンキン・パーク　初音ミク

完了　タッチする

④ YouTube Musicのホーム画面
が表示されます。[ライブラリ] を
タッチします。

バニラ
きゃない

初心LOVE（うぶらぶ）YouTube
ver.
なにわ男子

昭和歌謡
YouTube Music
100曲

タッチする

再生中のコンテンツはありません

ホーム　サンプル　探索　ライブラリ　アップグレ…

⑤ もう一度［ライブラリ］をタッチして［デバイスのファイル］をタッチしてチェックを付けます。

⑥ ［許可］をタッチし、次の「アクセス許可の確認」でもう一度［許可］をタッチします。

⑦ 本体内に保存されている音楽が表示されるので、聞きたいアルバムや曲をタッチします。

⑧ 曲が再生されます。

MEMO 周囲に流れている曲を調べる

ホーム画面のグーグル検索ウィジェットの🎤をタッチして、［曲を検索］をタッチすると、周囲に流れている曲を調べることができます。

5

Application

写真や動画を撮影する

SH-53Dには、高性能なカメラが搭載されています。さまざまなシーンで自動で最適の写真や動画が撮れるほか、モードや設定を変更することで、自分好みの撮影ができます。

写真を撮影する

1 ホーム画面で[カメラ]をタッチします。初めて起動したときはカメラの解説画面が表示されるので、左方向に4回フリックして、[使ってみる]をタッチします。

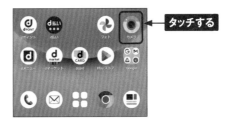

タッチする

2 そのまま○をタッチすると、オートフォーカスで写真が撮影できます。○をロングタッチすると、連続で撮影できます。被写体タッチしてフォーカスを合わせ、AEアイコンをドラッグして露出ポイントを決めてから撮影することもできます。

①タッチする
②ドラッグする
③タッチする

3 撮影した後、直前に撮影したデータアイコンをタッチすると、撮った写真を確認することができます。◎をタッチすると、インカメラとアウトカメラを切り替えることができます。

カメラを切り替え
写真を表示

動画を撮影する

(1) 動画を撮影したいとき
は、画面右端を上方向
(横向き時。縦向き時
は右方向)にスワイプ
するか、[ビデオ] をタッ
チします。

(2) 動画撮影モードになりま
す。⊙をタッチします。

(3) 動画の撮影が始まり、
撮影時間が表示されま
す。撮影を終了すると
きは、◯をタッチします。

(4) 「フォト」アプリ (P.122
参照) のアルバムで動
画を選択すると、動画
が再生されます。

撮影画面の見かた

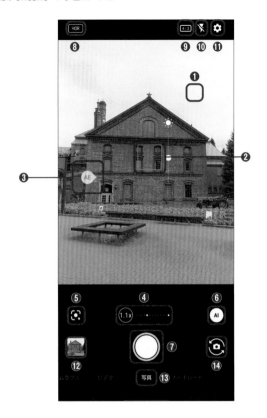

❶	明るさ調整	❽	HDR
❷	フォーカスマーク	❾	写真サイズ
❸	AE（露出）アイコン	❿	フラッシュ
❹	ズーム倍率（P.117）	⓫	設定（P.118）
❺	Googleレンズ（Sec.38）	⓬	直前に撮影したデータ
❻	AIアイコン（P.121）	⓭	撮影モード
❼	写真（静止画）撮影	⓮	イン／アウトカメラ切替

ズーム倍率を切り替える

① カメラの「ズーム倍率」アイコンの右横のドットをタッチします。

タッチする

③ 「ズーム倍率」アイコンをロングタッチするか、画面をピンチアウト／ピンチインすると、ズーム調整バーが表示されます。バーをドラッグしてカンマ単位で倍率を設定できます。

2.0x　ドラッグする

② 1.5倍ズームになります。更に右横のドットをタッチすると2倍ズームになります。

④ ズーム調整バーからは、最大8倍までズームできます。

カメラの撮影機能を
活用する

Application

「カメラ」アプリは、AI機能により、初心者でもいつでもきれいな写真を撮影することができます。

5

カメラの「設定」画面を表示する

(1) カメラの⚙をタッチすると、写真の設定画面が表示されます。

(2) [動画] や [共通] をタッチして、それぞれの設定画面に切り替えることができます。

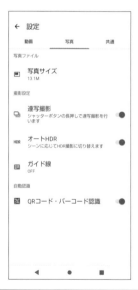

写真設定からは、「写真ファイル設定」や、連写撮影、オートHDR、ガイド線など便利な機能を設定できます。

共通設定からは、フラッシュ、セルフタイマー、位置情報などの設定を行うことができます。カメラを使いやすくするために、「起動設定」は特に見直しておきましょう。

ガイド線を利用する

① P.118を参考にカメラの「設定」画面を表示して、[写真] → [ガイド線] をタッチします。

② 被写体に合わせて、ガイド線を選んでタッチします。「設定」画面に戻るので、左上の←をタッチします。

③ カメラの画面に戻ると、画面上にガイド線が表示されます。ガイド線を参考に構図を決めて、○をタッチします。

④ ガイド線はカメラの画面に表示されるだけで、撮影された写真には写りません。

5

ポートレートを撮影する

① カメラの画面下部を左方向にスライドして撮影モードを［ポートレート］にします。

② ［ぼかし］をタッチして、背景のぼかしの強さを調節します。続けて、［美肌］をタッチして、被写体の肌の補正具合を調節します。

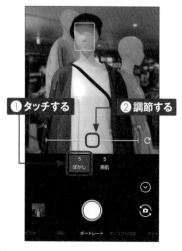

③ 背景がぼけて、美肌のポートレートが撮影できます。

④ インカメラ撮影で「ポートレート」モードにした場合は、［小顔］や［彩度］などの項目も利用できます。

AI認識機能

AI認識機能により、被写体やシーンをAIが判断して自動的に画質が最適に調整されます。AI認識機能は、アイコンのタッチでオン／オフを切り替えることができます。
AIが認識する被写体やシーンは、人物、動物、料理、花、夕景、夜景、花火、白板、黒板、QRコードです。

●人物

●料理

●花

●夜景

Googleフォトで
写真や動画を閲覧する

Application

撮影した写真や動画を見るのには「フォト」アプリを利用します。「フォト」アプリ写真を自動的に補正したり、フィルターを掛ける編集機能があります。動画の場合は、トリミング編集することができます。

「フォト」アプリを起動する

① ホーム画面で［フォト］をタッチします。

タッチする

② ［バックアップをオンにする］をタッチすると、写真や動画がGoogleドライブにアップロードされます。次の画面で、［高画質］か［節約画質］を選びます。バックアップの設定は後から変更することもできます（P.127参照）。

思い出を安全に保存しましょう
写真と動画は Google アカウントに安全にバックアップされます

亜久尾州喜三
aquwsh3@gmail.com

タッチする

バックアップしない　バックアップをオンにする

③ 「フォト」画面が表示されます。写真や動画のサムネイルをタッチします。

タッチする
9月5日(火)

④ 写真や動画が表示されます。

写真や動画を削除する

(1) 「フォト」アプリを起動して、削除したい写真をロングタッチして選択します。

9月5日(火)

9月4日(月)

ロングタッチする

(2) 複数の写真を削除したい場合は、ほかの写真もタッチして選択します。選択が完了したら [削除] をタッチします。

9月5日(火)

9月4日(月)

タッチする

共有　追加先　削除　プリントを注文　バッ

(3) [ゴミ箱に移動] をタッチします。

9月5日(火)

9月4日(月)

タッチする

ゴミ箱に移動しますか？移動したファイルはすべてのフォルダから削除されます。

🗑 ゴミ箱に移動（2個）

(4) 選択した写真がゴミ箱に移動します。

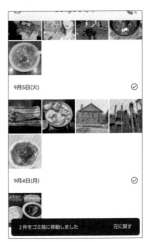

9月5日(火)

9月4日(月)

2件をゴミ箱に移動しました　　元に戻す

5

123

📷 写真を編集する

1 「フォト」アプリで写真を表示して、[編集] をタッチします。

タッチする

2 写真を自動補正するには、[補正] をタッチします。

タッチする

3 編集が適用された写真が表示されます。いずれの編集の場合も、[保存] → [コピーとして保存] をタッチすると、元の写真はそのままで、写真のコピーが保存されます。

タッチする　　　　　　タッチする

4 編集を適用した写真のコピーが保存されました。

コピーが保存された

5 手順②の画面で［切り抜き］をタッチすると、写真をトリミングしたり、回転させたりすることができます。

7 ［フィルタ］をタッチすると、フィルタを適用して写真の雰囲気を変えることができます。

6 ［調整］をタッチすると、明るさやコントラストの変更や、肌の色の修正を行うことができます。

8 ［マークアップ］をタッチすると、写真に絵を書き込んだり、文字を入力することができます。

動画を編集する

1 「フォト」アプリで動画を表示して、[編集] をタッチします。

2 画面の下部に表示されたフレームをタッチして場面を選びます。

3 画面の下部に表示されたフレームの左右のハンドルをドラッグして、動画をトリミングすることができます。[コピーを保存] をタッチすると、新しい動画として保存されます。

MEMO **そのほかの編集機能**

手順②の画面で、[フレーム画像をエクスポート] をタッチするとその場面が写真として保存されます。をタッチすると動画の手ブレを補整できます。

Googleフォトを
活用する

撮影した写真や動画は、自動的にGoogleドライブにアップロードされ、日時や場所などのジャンルごとにグルーピングされます。「フォト」アプリから検索したり、パソコンのブラウザから見ることもできます。

Application

バックアップする写真の画質を確認する

5

(1) 「フォト」アプリで、右上のユーザーアイコンをタッチし、[フォトの設定]をタッチします。

ⓘ	Google フォトの高度な機能を利用できます
🖪	空き容量を増やす	**タッチする**
ⓖ	Google フォト内のデータ
⚙	フォトの設定
⑦	ヘルプとフィードバック

(2) [バックアップ] をタッチします。

← 設定

⟳ バックアップ
バックアップ先: aquwsh3@gmail.com

🔔 通知

🔠 ユーザー設定　**タッチする**

(3) [バックアップ] がオフの場合はタッチします。

タッチする

← バックアップ　⑦

バックアップ
このデバイスから Google アカウントに写真と動画をバックアップする

(4) バックアップと同期がオンになります。[バックアップの画質]をタッチします。

← バックアップ　⑦

バックアップ
このデバイスから Google アカウントに写真と動画をバックアップする

タッチする

設定

バックアップの画質
元の画質（画質の変更なし）

モバイルデータ通信の使用量
バックアップにモバイルデータ通信を使用しない

(5) [元の画質]をタッチするとオリジナルの画質で、[保存容量の節約画質]をタッチすると画質を下げてGoogleドライブへ保存します。「節約画質」のほうがより多くの写真を保存できます。

← バックアップの画質　**タッチする**

15 GB のうち残り 14 GB を使用できます

元の画質
画質を変更せずにバックアップします　⌄

保存容量の節約画質
画質をやや下げてより多くの写真と動画を保存します　⌄

写真を探す

(1) 「フォト」アプリを起動し、[検索] をタッチします。

タッチする

フォト　検索　共有　ライブラリ

(2) キーワードを入力し、✓をタッチします。

① 入力する

② タッチする

(3) キーワードに対応した写真の一覧が表示されます。

← 食べ物

9月6日(水)

9月5日(火)

9月4日(月)

MEMO 写真内の文字で検索する

手順②の画面でキーワードを入力して、写真に写っている活字やフォントで写真を探すこともできます。

← girl ← 入力する

9月6日(水)

写真内の文字が検索される

ドコモのサービスを
利用する

Application

dメニューを利用する

SH-53Dでは、ドコモのポータルサイト「dメニュー」を利用できます。
dメニューでは、ドコモのサービスにアクセスしたり、メニューリスト
からWebページやアプリを探したりすることができます。

メニューリストからWebページを探す

1 ホーム画面で [dメニュー] をタッチします。「dメニューお知らせ設定」画面が表示された場合は、[OK] をタッチします。

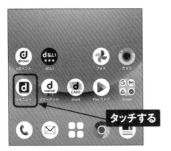

タッチする

2 「Chrome」アプリが起動し、dメニューが表示されます。[メニューリスト] をタッチします。

タッチする

3 「メニューリスト」画面が表示されます。画面を上方向にスクロールします。

スクロールする

MEMO dメニューとは

dメニューは、ドコモのスマートフォン向けのポータルサイトです。ドコモおすすめのアプリやサービスなどをかんたんに検索したり、利用料金の確認などができる「My docomo」(Sec.48参照) にアクセスしたりできます。

タッチする

⑤ 一覧から、閲覧したいWebページのタイトルをタッチします。アクセス許可の確認が表示された場合は、[許可]をタッチします。

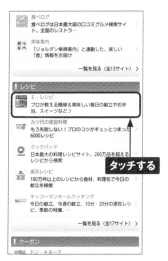

タッチする

⑥ 目的のWebページが表示されます。◀を何回かタッチすると、一覧に戻ります。

タッチする

MEMO マイメニューの利用

P.130手順②で[マイメニュー]をタッチしてdアカウントでログインすると、「マイメニュー」画面が表示されます。登録したアプリやサービスの継続課金一覧、dメニューから登録したサービスやアプリを確認できます。

my daizを利用する

Application

my daiz

「my daiz」は、ホーム画面のマチキャラから起動できるAIアシスタントです。ほかに、ホーム画面を右にフリックして、天気や便利な情報を表示する「my daiz NOW」機能もあります。

マチキャラを表示する

1 ホーム画面をロングタッチして、[ホーム設定] をタッチします。

タッチする

- 🖼 壁紙
- 🔲 ウィジェット
- ⌂ ホーム設定

2 [マチキャラ設定] をタッチします。

ホーム設定

ホーム設定アイコン
ホーム画面にホーム設定アイコンを表示します

壁紙設定
ホーム画面とロック画面の壁紙を変更できます

タッチする

表示

マチキャラ設定
マチキャラに関する設定ができます

おすすめアプリ設定
「あなたにおすすめ」に関する設定ができます

3 [キャラ表示] をタッチしてオフにし、もう一度タッチしてオンにします。

← キャラ

2回タッチする

キャラ選択
キャラを選択できます

キャラ表示
ホーム画面上でキャラを表示します（端末の設定変更が必要な場合、この設定をONにする際に端末設定に移動します。移動した画面でmy daizアプリの設定をONにしてください。詳しくはヘルプをご確認ください）

キャラ移動
ホーム画面中をキャラが移動します

キャラタップ
ホーム画面上でキャラをタップした際に表示する画像を設定します

4 画面を上方向にスライドして [my daiz] をタッチし、次の画面で「他のアプリの上に重ねて表示できるようにする」をタッチしてオンにします。

← 他のアプリの上に重ねて…

📞 電話
許可

タッチする

📱 許可しない

📹 Meet
許可しない

⬤ my daiz
許可しない

(5) ホーム画面に戻るとマチキャラが表示されているので、タッチします。

タッチする

(6) 初回起動時には、許可に関する画面が表示されるので、[はじめる]をタッチし、[次へ][許可][同意する] などをタッチして進み、設定を完了します。

状況に合わせて必要な情報を
タイムリーにおとどけします

よく利用する路線
に遅延があります

もうすぐ雨が降り
出しそうです

特売品
¥99

タッチする

はじめる

my daizを利用する

(1) ホーム画面のマチキャラをタッチすると、my daizの対話画面が表示されるので、SH-53Dに向かって話しかけます。 音声のほかに文字で入力することもできます。

衣替えっていつだっけ？
お出かけスポットを知りたい
毎日くじ引きたい
今日の天気を知りたい
台風情報を教えて
最新のニュースを知りたい
今日の運勢を教えて
何ができるの
しゃべり方
テキストを入力

(2) ここでは「明日の天気は?」と話しかけたので、現在地の天気予報が表示されました。 ほかにも、アラームをセットしたり、周辺の施設を探すなど、いろいろなことができます。

明日の天気

現在地周辺の明日の天気は
くもり時々雨、最高気温は
28℃、最低気温は25℃、降水
確率は60%です。

現在地   エリア選択

9/22(金)

28℃(-1) 25℃(+1)

くもり時々雨   ☂降水確率 60%

22(金) 23(土) 24(日) 25(月) 26(火) 27(水) 28(木)

28℃ 26℃ 27℃ 27℃ 27℃ 28℃ 28℃
25℃ 21℃ 20℃ 19℃ 20℃ 21℃ 22℃
60% 40% 30% 30% 30% 40% 40%

天気予報 全国天気 雨雲レーダー 警報・注意報

My docomoを
利用する

「My docomo」では、契約内容の確認や変更、ドコモのサービスの申し込みなどを行うことができます。利用の際には、dアカウントのパスワード（Sec.12参照）が必要です。

Application

My docomo

契約情報を確認する

(1) ホーム画面で［dメニュー］をタッチします。

タッチする

(2) 「Chrome」アプリで「dメニュー」画面が表示されます。［My docomo］をタッチします。

タッチする

(3) dアカウントにログインしていない場合は、「ログイン」画面が表示されるので、［ログインする］をタッチします。ログインしている場合は、⑤の画面が表示されます。

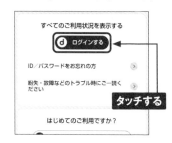

すべてのご利用状況を表示する

d ログインする

ID／パスワードをお忘れの方

紛失・故障などのトラブル時にご一読ください

タッチする

はじめてのご利用ですか？

(4) dアカウントのID（P.34参照）を入力して［次へ］をタッチし、次の画面でパスワードを入力してログインします。

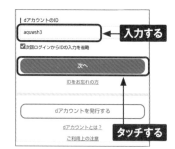

dアカウントのID

aquwsh3

入力する

次回ログインからIDの入力を省略

次へ

IDをお忘れの方

dアカウントを発行する

dアカウントとは？

ご利用上の注意

タッチする

6

5 My docomoのトップ画面が表示されます。データ通信量や利用料金を確認することができます。

7 [お手続き]をタッチすると、支払い方法の変更や、住所変更などを行うことができます。[オプション]をタッチします。

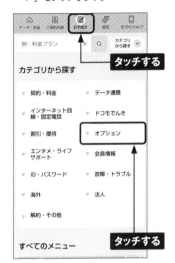

6 [ご契約内容]をタッチすると、現在契約中のプランを確認することができます。

8 有料オプションサービスの契約状況を確認したり、サービスの申込みや解約を行うことができます。

6

d払いを利用する

Application

d払い

「d払い」は、NTTドコモが提供するキャッシュレス決済サービスです。お店でバーコードを見せるだけでスマホ決済を利用できるほか、Amazonなどのネットショップの支払いにも利用できます。

d払いとは

「d払い」は、以前からあった「ドコモケータイ払い」を拡張して、ドコモ回線ユーザー以外も利用できるようにした決済サービスです。ドコモユーザーの場合、支払い方法に電話料金合算払いを選べ、より便利に使えます（他キャリアユーザーはクレジットカードが必要）。

「d払い」アプリでは、バーコードを見せるか読み取ることで、キャッシュレス決済が可能です。支払い方法は、電話料金合算払い、d払い残高（ドコモ口座）、クレジットカードから選べるほか、dポイントを使うこともできます。

ホーム画面で［クーポン］をタッチすると、店頭で使える割り引きなどのクーポンの情報が一覧表示されます。ポイント還元のキャンペーンはエントリー操作が必須のものが多いので、こまめにチェックしましょう。

d払いの初期設定を行う

① Wi-Fiに接続している場合はP.178を参考にWi-Fiをオフにしてから、ホーム画面で[d払い]をタッチします。

② サービス紹介画面で[次へ]を2回タッチし、[はじめる]をタッチします。

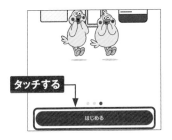

③ 「ご利用規約」や「アクセスの許可」では、画面に従って[同意][許可]をタッチして進みます。

④ Wi-Fiをオフにしてドコモ回線に切り換え、「ログイン」画面でdアカウントの認証を行います。

⑤ 「ご利用設定」画面で[次へ]をタッチし、使い方の説明で[次へ]を何度かタッチして[さあ、d払いをはじめよう!]をタッチすると、利用設定が完了します。

 MEMO **dポイントカード**

「d払い」アプリの画面右下の[dポイントカード]をタッチすると、モバイルdポイントカードのバーコードが表示されます。dポイントカードが使える店では、支払い前にdポイントカードを見せて、d払いで支払うことで、二重にdポイントを貯めることが可能です。

マイマガジンで
ニュースを読む

Application

マイマガジンは、自分で選んだジャンルのニュースや情報が表示されるサービスです。読んだ記事の傾向などによって、より自分好みのニュースや情報が表示されるようになります。

好みのニュースを表示する

(1) ホーム画面で<img>をタッチするか、ホーム画面を上方向にスライドします。

タッチする

(2) 「マイマガジン」画面下部のアイコンをタッチしてカテゴリーを選びます。

(3) 画面を左右にフリックしてジャンルを選び、読みたい記事をタッチします。

タッチする

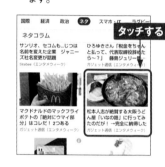

(4) 記事の概要が表示されます。←をタッチすると、手順③の記事の一覧画面に戻ります。

タッチする

元記事サイトへ

(5) 別の記事をタッチして概要を表示します。[元記事サイトへ]をタッチします。

```
←        マイマガジン        C

松本人志が絶賛する大阪うどん屋「いなの路」に
行ってみたのだが！→完全に納得した
9/21 13:16 | ガジェット通信（エンタメウィーク）
```

タッチする

```
先日、イベントがあって大阪に何日か滞在してきまし
た。せっかくなので大阪でしか食べられないものをいろ
いろ食べて回ったのですが、そのうちのひとつが大阪う
どん屋の「いなの路」。大阪・難波の相生橋筋にあるお
店…

          元記事サイトへ
```

(6) 元記事が表示されて、詳細な情報を確認することができます。

```
←   松本人志が絶賛する大阪うどん屋…   C
```

```
先日、イベントがあって大阪に何日か滞在してきました。

せっかくなので大阪でしか食べられないものをいろいろ食
```

(7) 「マイマガジン」画面左上の ≡ をタッチします。

```
≡        マイマガジン        C

国際  経済  政治  ネタ  スマホ・IT  ラグビー

ネタコラム
```

タッチする

```
真あじ1枚開きの肉厚ふわふ    「寝すにやりたくなる…」
わ「アジフライ」2枚の定食    Androidで遊べる神ゲーム…
が税込790円とんかつ専門…
ネタとび（エンタメウィーク）    広告 : Games

犯罪ドラマにハマる人心理    ダウン症の父親が仕事に励み
```

(8) 「設定」画面が表示されます。[パーソナライズ設定]がオンになっている時は、利用状況などに応じて、「マイニュース」などに自分好みのニュースや情報が表示されます。

```
×              設定

⊕  ジャンル追加
    各カテゴリにジャンルの追加を行います

↑↓  ジャンル削除・並べ替え
    各カテゴリのジャンル削除・並べ替えを行います

△  お知らせ                           ③
    マイマガジンからのお知らせが確認できます

d  dアカウント設定
    dアカウントの確認・変更を行います
    aquwsh3

d  dポイント表示設定
    マイマガジンにdポイントを表示します
    （表示するにはdアカウント設定が必要です）

⊡  パーソナライズ設定                  ●━
    記事の最適化にクリックログやプロフィール情
    報を利用します

◄)) 通知設定
    マイマガジンからの通知を利用します
    通知ON
```

(9) 表示したくないジャンルがある場合は、手順(8)の画面で[ジャンル削除・並べ替え]をタッチします。下部のアイコンからカテゴリーを選び、ジャンル名の左側のをタッチすると、そのジャンルが解除されて表示されなくなります。

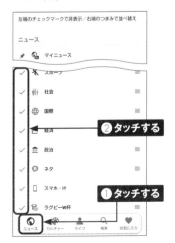

```
左端のチェックマークで非表示／右端のつまみで並べ替え

ニュース

📌 🌐 マイニュース

✓  🏃 スポーツ            ≡

✓  🏛 社会               ≡

✓  ⊕ 国際               ≡
                              ②タッチする
✓  📈 経済               ≡

✓  🏛 政治               ≡

✓  💬 ネタ               ≡

✓  📱 スマホ・IT         ≡
                              ①タッチする
✓  🏉 ラグビーW杯        ≡

🌐      🎭      ♡      🔍      ♥
ニュース カルチャー  ライフ   検索   お気に入り
```

6

スケジュールで予定を管理する

Application

ドコモの「スケジュール」アプリを利用すると、カレンダー画面から予定の登録や確認を行うことができます。重要な予定にはアラームを設定する、事前に通知が届きます。

利用の準備を行う

(1) ホーム画面を左右方向に2回スワイプしてカレンダーをタッチするか、「アプリ一覧」画面で[スケジュール]をタッチします。

タッチする

(2) 「機能利用の許可」の説明が表示された場合は、[OK]をタッチします。

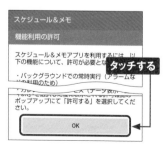

タッチする

(3) 許可や許諾を求める画面が表示されたら、[許可][規約に同意して利用を開始]などをタッチして進みます。クラウドサービスについての説明が表示されたら、[後で設定する]をタッチします。

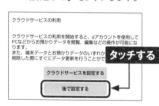

タッチする

(4) 「確認」画面で[OK]をタッチすると、「スケジュール」アプリのカレンダーが表示されます。左右にスワイプすると前月や翌月に切り替わります。

スワイプして切り替える

予定を登録する

1 カレンダーの予定を登録したい日をロングタッチし、表示された画面で［新規作成］をタッチします。

2 「作成・編集」画面で、予定のタイトルなどを入力します。「開始」の時刻をタッチします。

3 予定の開始時刻を設定します。

4 同様に「終了」の時刻と、必要に応じて「アラーム」を設定して［保存］をタッチします。

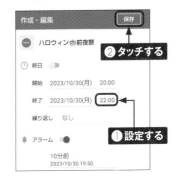

5 カレンダーに戻り、予定を登録した日にはアイコンが表示されます。予定のある日をタッチします。

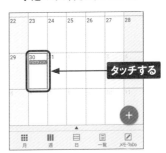

6 当日の予定の一覧が表示されます。予定をタッチすると、詳細を確認できます。

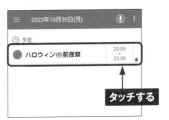

6

141

本体を振って
アプリを起動する

Application

「スグアプ」は、SH-53Dを振ってアプリを起動する機能です。1回振りと2回振りで、それぞれにアプリを設定可能です。起動したアプリの上に、ほかのアプリのアイコンを表示することもできます。

スグアプを設定する

(1) 「設定」アプリで[ドコモのサービス/クラウド] → [スグアプ設定]をタッチします。初回設定時には[同意して利用開始]をタッチします。

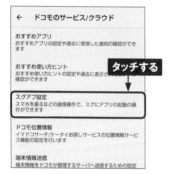

(2) 「1回振り」には、初期状態で「d払い」アプリが設定されていますが、これをほかのアプリに変更します。[1回振り]をタッチします。

(3) 起動するアプリを選んで(ここでは「Chrome」) タッチし、[OFF]をタッチして [ON] に切り替えます。

(4) ホーム画面やアプリの起動中に本体を振ると、設定したアプリが起動します。

6

ドコモのアプリを
アップデートする

Application

ドコモの各種サービスを利用するためのアプリは、「設定」アプリからインストールしたり、アップデートしたりすることができます。ここでは、アプリをアップデートする手順を紹介します。

ドコモのアプリをアップデートする

(1) 「設定」アプリで [ドコモのサービス/クラウド] をタッチします。

Q 設定を検索

⊙ **位置情報**
ON - 5 個のアプリに位置情報へのアクセスを許可

* **緊急情報と緊急通報**　**タッチする**
緊急 SOS、医療情報、アラート

✿ **ドコモのサービス/クラウド**
dアカウント設定、ドコモアプリ管理

囵 **パスワードとアカウント**
保存されているパスワード、自動入力、同期されているアカウント

Digital Wellbeing と保護者による使用制限

(2) [ドコモアプリ管理] をタッチします。

← ドコモのサービス/クラウド

dアカウント設定
ドコモアプリで利用するdアカウントを設定します
（Wi-Fi接続時の利用も含む）

ドコモアプリデータバックアップ
各アプリのデータバックアップ/復元の設定やデータがバックアップされたアプリの一覧を確認できます

ドコモアプリ管理
アプリのアップデートなどを行います

おすすめアプリ
おすすめアプリの設定や過去に受信した通知の確認ができます　**タッチする**

おすすめ使い方ヒント
おすすめ使い方ヒントの設定や過去に表示されたヒントの確認ができます

(3) [すべてアップデート] をタッチすると、一覧に表示されたアプリがすべてアップデートされます。

← ドコモアプリ管理　　　　　　⋮

アップデート　契約中サービス　再インスト─

　　　　　　　　　⬇ すべてアップデート

OO **docomo Application Manager**　　⋮
OO NTT DOCOMO
　🔴 同意が必要なアプリです　**タッチする**

Ðîsñèÿ **Disney DX**
　　　　ウォルト・ディズニー・ジャパン株式会…

(4) 一部のアプリは、アップデートの同意を求められることがあります。その場合は、個別に [同意する] をタッチします。

ご確認　　　　　　　　1/6　✕

OO **docomo Application Manager**
OO NTT DOCOMO

プライバシーポリシー

お客様がこのアプリケーションを利用されるにあたり、携帯電話内の次の情報を外部送信します。

■外部送信する情報
①ご利用端末にインストールされているアプリケーションのパッケージ名・バージョン・利用状態、ご利用端末の製造番号・ソフトウェアバー　**タッチする**
種名・ビルド番号情報
②本アプリケーションのご使用状況、本アプリの起動時に通知される端末固有ID、ご利用機種、ご利コンテンツへのアクセス履歴、広告配信識別子

　　　　　　　　　　同意しない　[同意する]

6

143

ドコモデータコピーで データをバックアップする

Application

ドコモデータコピーでは、電話帳や画像などのデータをmicroSD カードに保存できます。データが不意に消えてしまったときや、機種変更するときにすぐにデータを戻すことができます。

データをバックアップする

(1) アプリ一覧画面を開き、「ツール」フォルダ内の[データコピー]をタッチします。

(2) 初回起動時に「ドコモデータコピー」画面が表示された場合は、[規約に同意して利用を開始]をタッチします。

(3) 「ドコモデータコピー」画面で[バックアップ&復元]をタッチします。

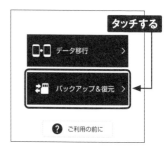

(4) 「アクセス許可」画面が表示されたら[スタート]をタッチし、[許可]をタッチして進みます。

⑤ 「暗号化設定」画面が表示されるので、ここではそのまま [設定] をタッチします。

⑥ 「バックアップ・復元」画面が表示されるので、[バックアップ] をタッチします。

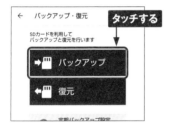

⑦ 「バックアップ」画面でバックアップする項目をタッチしてチェックを付け、[バックアップ開始] をタッチします。

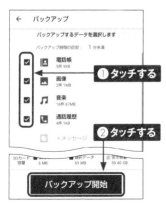

⑧ 「確認」画面で [開始する] をタッチします。

⑨ バックアップが始まります。

⑩ バックアップが完了したら、[トップに戻る] をタッチします。

6

145

データを復元する

(1) P.145手順⑥の画面で［復元］をタッチします。

(2) 復元するデータをタッチしてチェックを付け、［次へ］をタッチします。

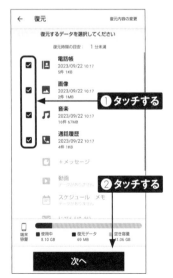

(3) データの復元方法を確認して［復元開始］をタッチします。［復元方法を変更する場合はこちら］をタッチすると、データを上書きするか追加するかを選べます。

(4) 「確認」画面が表示されるので、［開始する］をタッチします。

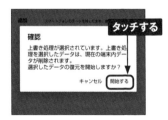

(5) データの復元が始まります。

Chapter

7

SH-53Dを使いこなす

Application

ホーム画面を
カスタマイズする

ホーム画面には、アプリアイコンを配置したり、フォルダを作成し
てアプリアイコンをまとめることができます。よく使うアプリのアイコ
ンをホーム画面に配置して、使いやすくしましょう。

アプリアイコンをホーム画面に追加する

(1) アプリ一覧画面を表示します。
ホーム画面に追加したいアプリア
イコンをロングタッチして、[ホー
ム画面に追加] をタッチします。

(2) ホーム画面にアプリアイコンが追
加されます。

(3) アプリアイコンをロングタッチして
そのままドラッグすると、好きな場
所に移動することができます。

(4) アプリアイコンをロングタッチして、
画面上部に表示される [削除]
までドラッグすると、アプリアイコ
ンをホーム画面から削除すること
ができます。

フォルダを作成する

(1) ホーム画面のアプリアイコンをロングタッチして、フォルダに追加したいほかのアプリアイコンの上にドラッグします。

ドラッグする

(2) 確認画面が表示されるので、[作成する]をタッチします。

タッチする

フォルダの作成
フォルダを作成しますか？
キャンセル　作成する

(3) フォルダが作成されます。

(4) フォルダをタッチすると開いて、フォルダ内のアプリアイコンが表示されます。

My AQUOS　エモパー
名前の編集

(5) 手順④で[名前の編集]をタッチすると、フォルダに名前を付けることができます。

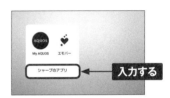

My AQUOS　エモパー
シャープのアプリ　◀━━━ 入力する

7

MEMO ドックのアイコンの入れ替え

ホーム画面下部にあるドックのアイコンは、入れ替えることができます。ドックのアイコンを任意の場所にドラッグし、代わりに配置したいアイコンを移動します。

ドラッグする

149

Application

壁紙を変更する

ホーム画面とロック画面の壁紙は、SH-53Dに用意されている壁紙に変更することができます。また、自分で撮った写真やお気に入りの画像などを壁紙にすることもできます。

壁紙を変更する

1 ホーム画面の何もないところをロングタッチして、[壁紙] をタッチします。

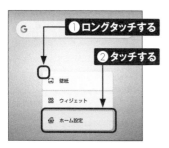

2 あらかじめSH-53Dに用意されている壁紙から選ぶ場合は、[壁紙とスタイル] をタッチして、[1回のみ] をタッチします。アクセス許可の画面が表示されたら、画面に従って [次へ] [許可] をタッチします。

3 [画像を選択] をタッチします。

4 「プリセット壁紙」を左方向にスライドして壁紙を選びます。

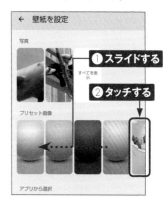

(5) [保存] をタッチします。

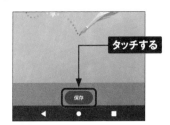

タッチする

(6) [ホーム画面] [ロック画面] [ホーム画面とロック画面] のいずれかをタッチすると、壁紙が適用されます。

タッチする

壁紙を設定
ホーム画面
ロック画面
ホーム画面とロック画面

(7) 自分で撮影した写真や、手持ちの画像を壁紙にする場合は、手順④の画面で [写真] から壁紙にする画像を選びます。

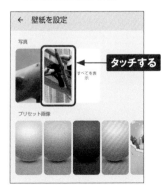

← 壁紙を設定

写真

タッチする

すべてを表示

プリセット画像

(8) 表示された画像をドラッグして位置を調整し、[保存] をタッチします。

タッチする

保存

(9) [ホーム画面] [ロック画面] [ホーム画面とロック画面] のいずれかをタッチします。

タッチする

壁紙を設定
ホーム画面
ロック画面
ホーム画面とロック画面

7

(10) 画像が壁紙に適用されます。

機能ボタンを並び替える

ステータスパネルの機能ボタンを並び替えて、よく使うものを上位にして使いやすくしましょう。また、ほかのボタンを追加したり、使わないボタンを非表示にすることもできます。

機能ボタンを編集する

1 ステータスバーを下方向にドラッグしてステータスパネルを表示し、🖊をタッチします。

2 ステータスパネルの編集モードになります。

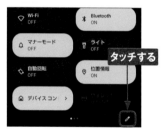

3 機能ボタンをロングタッチしてドラッグすると、並び替えることができます。

4 画面の下部には、現在非表示になっている機能ボタンがあります。手順③と同様の操作で、ステータスパネルに追加することができます。編集が終わったら、画面左上の◀をタッチして戻ります。

ナビゲーションキーを
カスタマイズする

Application

ナビゲーションキーを非表示にして、ナビゲーションキーの代わり
に、画面スワイプのジェスチャーで操作する事ができます。

(1) 「設定」アプリで、[ユーザー補助]
→[システム操作]をタッチします。

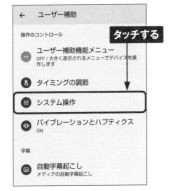

← ユーザー補助

操作のコントロール　　タッチする

- ユーザー補助機能メニュー
  OFF / 大きく表示されるメニューでデバイスを操作します

- タイミングの調節

- システム操作

- バイブレーションとハプティクス
  ON

字幕

- 自動字幕起こし
  メディアの自動字幕起こし

(2) [システムナビゲーション]をタッチ
します。

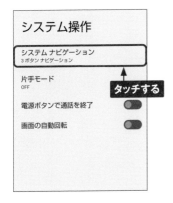

システム操作

システム ナビゲーション
3 ボタン ナビゲーション

片手モード
OFF　　　　　タッチする

電源ボタンで通話を終了

画面の自動回転

(3) [ジェスチャーナビゲーション]を
タッチして切り替えます。

システム ナビゲーシ
ョン

タッチする

○ ジェスチャー ナビゲーシ
　ョン
　ホームに移動するには、画面の下部
　から上にスワイプします。アプリを
　切り替えるには、下から上にスワイ
　プして長押ししてから離します。戻
　るには、左端または右端からスワイ
　プします。

◉ 3 ボタン ナビゲーション
　戻る、ホームへの移動、アプリの切
　り替えを画面下部のボタンで行いま

MEMO **ジェスチャーでの操作**

- ホーム：画面下部を上方向にス
  ワイプ
- 戻る／閉じる：画面右端／左端
  を中央にスワイプ
- 履歴：画面を下部を上方向にス
  ワイプして止める
- アプリの切り替え：画面下端を
  左右にスワイプ

通知をオフにする

Application

アプリやシステムからの通知は、「設定」アプリで通知のオン／オフを設定することができます。アプリによっては、通知が機能ごとに用意されていて、個別にオン／オフにすることもできます。

通知をオフにする

1 ステータスバーを下方向にドラッグして通知パネルを表示して、通知をロングタッチします。

2 通知の右にある⚙をタッチします。

3 「設定」アプリの「通知」が開いて、手順①で選んだ通知がハイライト表示されます。

4 トグルをタッチすると、その通知がオフになります。

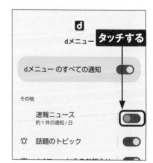

アプリごとに通知を設定する

(1) ステータスバーを下方向にドラッグ
して通知パネルを表示して、[管理] をタッチします。

(2) 「設定」アプリの「通知」が開きます。[アプリの設定] をタッチします。

(3) アプリ名の右側のトグルをタッチすると、そのアプリのすべての通知がオフ/オンにになります。[新しい順] をタッチすると、通知件数の多いアプリや、通知がオフになっているアプリを表示することができます。

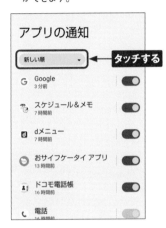

(4) 手順③の画面でアプリ名をタッチします。アプリによって、機能ごとの通知を個別にオン/オフにすることができます。

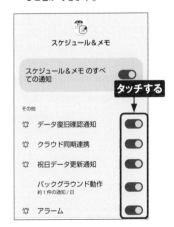

7

155

通知をサイレントにする

Application

アプリやシステムからの通知は、音とバイブレーションでもアラートされます。通知が多くてアラートが鬱陶しいときは、個別にアラートをオフにしてサイレントにすることができます。

通知をサイレントにする

1 ステータスバーを下方向にドラッグして通知パネルを表示します。サイレントにする通知をロングタッチします。

2 [サイレント] → [適用]、または [サイレント] → [完了] をタッチします。

3 サイレントにした通知は、下段に表示されるようになります。

MEMO 機能ボタンからサイレントモードにする

ステータスパネルに、「サイレントモード」ボタンを追加すると、ワンタッチですべての通知をサイレントモードに切り替えることができます。機能ボタンからのサイレントモードは、継続する時間を、Sec.61の手順③の画面の [クイック設定の持続時間]で設定することができます。

通知のサイレントモードを使う

すべての音と通知をアラートしなくなるのがサイレントモードです。
「設定」アプリからサイレントモードをオンにすると、手動でオフに
するまで継続します。

サイレントモードにする

1 「設定」アプリを開き、[着信音とバイブレーション] をタッチします。

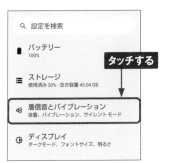

2 [サイレントモード] をタッチします。

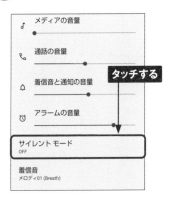

3 [今スグONにする] をタッチしてオンにします。

4 [人物] や [アプリ] をタッチして、サイレントモード中にも割り込んでアラートされる通知を設定することができます。

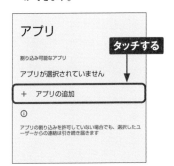

7

通知の履歴を見る

通知は再表示できないので、うっかりスワイプして削除した通知は、後から確認することができません。通知の履歴機能をオンにしておくと、過去24時間の通知を見返すことができるようになります。

通知の履歴を設定する

(1) ステータスバーを下方向にドラッグして通知パネルを表示して、[管理]をタッチします。

タッチする

(2) 「設定」アプリの「通知」が開くので、[通知履歴]をタッチします。

通知

管理

アプリの設定
各アプリからの通知の管理

タッチする

通知履歴
最近の通知とスヌーズに設定した通知を確認

会話

会話
優先度の高い会話: なし

バブル

(3) [通知履歴を使用]をタッチしてオンにします。

タッチする

通知履歴

通知履歴を使用

(4) 通知パネルに新たに表示された[履歴]をタッチします。

本メールはHTML形式にて配信させて頂いております。

サイレント

タッチする

東京: 26°・13分

履歴 　　　　すべて消去

(5) 以降の通知は、「最近非表示にした通知」と「過去24時間」に分けて、履歴が表示されます。

最近非表示にした通知

スケジュール&メモ　　　10:21
処理中

過去 24 時間

Google
1 件の通知

Application

ロック画面に通知を表示しないようにする

ロック画面に表示された通知は、目を離した隙に他人に覗き見されてしまう可能性があります。不安な場合はロック画面の通知を非表示にしましょう。

ロック画面の通知を非表示にする

(1) 「設定」アプリを開き、[通知] をタッチします。

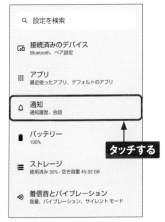

(2) [ロック画面上の通知]をタッチします。

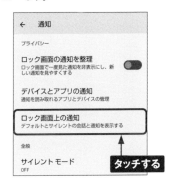

(3) [通知を表示しない]をタッチします。

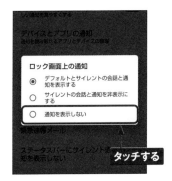

MEMO プライバシーに関わる通知を表示しない

ロック画面に通知を表示する設定にした上で、手順②の画面で[機密性の高い通知]をオフにすると、プライバシーに関わる通知だけがロック画面に表示されなくなります。

7

アプリの権限を確認する

Application

アプリには、サービスや、ほかのアプリの権限（アクセス許可）を得た上で動作するものがあります。アプリの初回起動時に確認画面が表示されますが、後から権限を変更することもできます。

アプリの権限を確認する

(1) 「設定」アプリを開きます。［アプリ］→［○個のアプリをすべて表示］の順にタッチします。

(2) 権限を確認したいアプリ（ここではGmail）をタッチします。

(3) ［権限］をタッチします。

(4) アプリ（Gmail）がアクセスしているサービスやほかのアプリを確認することができます。サービス名やアプリ名をタッチして、［アプリの使用中のみ許可］［毎回確認する］［許可しない］を変更することができます。

サービスから権限を
確認する

Application

「権限マネージャ」を利用すると、サービス側からどのアプリに権限を与えているか（アクセスを許可しているか）を確認することができます。悪意のあるアプリに権限を与えていないか確認しましょう。

サービスから権限を確認する

1 「設定」アプリを開きます。［セキュリティとプライバシー］→［権限マネージャ］の順にタッチします。

2 サービス名（ここでは「位置情報」）をタッチします。

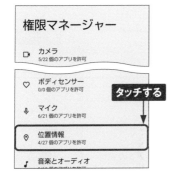

3 サービスにアクセスするアプリが「常に許可」「使用中のみ許可」「許可されてないアプリ」に分かれて表示されます。

4 アプリ名をタッチして［常に許可］［アプリの使用中のみ許可］［毎回確認する］［許可しない］を変更することができます。

7

画面ロックにロックNo.を設定する

Application

ロック画面解除の方法を、「スワイプ」から、「ロックNo.」に変更してセキュリティを高めましょう。ほかに、決めた形で画面をなぞる「パターン」や、「パスワード」を設定することもできます。

画面ロックにロックNo.を設定する

(1) 「設定」アプリを開いて、[セキュリティとプライバシー]→[画面ロックを設定]の順にタッチします。

(2) [ロックNo.]をタッチします。「ロックNo.」とは画面ロックの解除に必要な暗証番号のことです。

(3) テンキーボードで4桁以上の数字を入力し、[次へ]をタッチします。次の画面でも再度同じ数字を入力し、[確認]をタッチします。

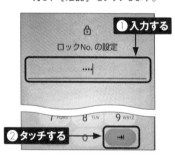

(4) ロック画面の通知についての設定が表示されます。表示する内容を選んでタッチし、[完了]をタッチします。

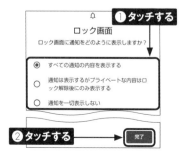

ロックNo.で画面のロックを解除する

(1) スリープモードの状態で、電源キーを押します。

押す

(2) ロック画面が表示されます。画面を上方向にスワイプします。

8:46
10/16 月曜日

スワイプする

(3) P.162手順③で設定したロックNo.を入力して●をタッチすると、画面のロックが解除されます。

❶入力する

1	2	3
4	5	6
7	8	9
⌫	0	→|

緊急通報

❷タッチする

MEMO　ロックNo.の変更

設定したロックNo.を変更するには、P.162手順①で［画面ロック］をタッチし、現在のロックNo.を入力して［次へ］をタッチします。表示される画面で［ロックNo.］をタッチすると、ロックNo.を再設定できます。ロックNo.が設定されていない初期の状態に戻すには、［スワイプ］をタッチします。

🔓	スワイプ 現在の画面ロック
⠿	パターン
⦂	ロックNo. (PIN)

タッチする

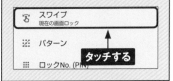

7

163

指紋認証で
画面ロックを解除する

SH-53Dは、指紋センサーを使用して画面ロックを解除することができます。指紋認証の場合は、予備の解除方法「ロックNo.」「パターン」「パスワード」のいずれかを併用する必要があります。

Application

指紋を登録する

1 「設定」アプリを開いて、[セキュリティとプライバシー] をタッチします。

2 [デバイスのロック] → [指紋] をタッチします。

3 指紋のほかに、予備のロック解除方法が必要です。ロック解除を設定していない場合は、解除方法を選び、P162を参考に設定します。

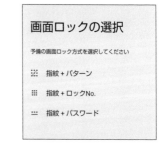

4 「指紋の設定」画面を下までスクロールして、[同意する] をタッチします。

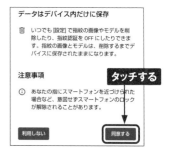

5 電源ボタンの指紋センサーを指で触れます。

6 何度か指紋センサーに触れて、指紋を登録します。

7 ［完了］をタッチします。

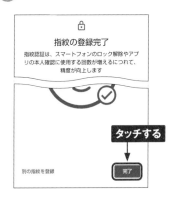

8 ほかの指の指紋を追加する場合は［指紋を追加］をタッチします。

9 SH-53Dがスリープモードの時や、ロック画面で電源ボタンの指紋センサーに触れると、画面ロックが解除されます。

顔認証で画面ロックを解除する

Application

SH-53Dでは、顔認証を利用してロックの解除を行うこともできます。顔認証でロックの解除を行うタイミングを設定することもできます。

顔データを登録する

(1) P.164手順②の画面で[顔認証]をタッチします。

(2) 「顔認証によるロック解除」画面が表示されます。[次へ]→[OK]→[次へ]→[アプリの使用時のみ]の順にタッチします。

(3) SH-53Dを顔にかざして、顔データを登録します。

(4) マスクをしたまま顔認証を利用する場合は[有効にする]をタッチします。

⑤ 「ロック画面の解除タイミング」画面が表示されたら、[OK] をタッチします。

⑥ ロック解除の画面を見ると、ロックが解除されるようになります。

⑦ P.166手順①の画面を表示し、[顔認証] をタッチします。ロック解除の操作を行います。

⑧ 「顔認証」画面が表示され、ロックの解除タイミングの設定や顔データの削除を行うことができます。

Application

スクリーンショットを撮る

「Clip Now」を利用すると、画面をスクリーンショットで撮影（キャプチャ）して、そのまま画像として保存できます。画面の縁をなぞるだけでよいので、手軽にスクリーンショットが撮れます。

Clip Nowをオンにする

1 ホーム画面を左方向にフリックし、[AQUOSトリック]をタッチします。

① フリックする
② タッチする

2 「AQUOSトリック」画面で［Clip Now］をタッチします。「操作性を改善しました」画面が表示されたら［閉じる］をタッチします。

タッチする

3 ［Clip Now］をタッチしてオンにします。許可に関する画面が表示されたら、［次へ］や［許可］をタッチします。

タッチする

MEMO キーを押してスクリーンショットを撮る

音量キーの下側と電源キーを同時に1秒以上長押しして、画面のスクリーンショットを撮ることもできます。スクリーンショットは、SH-53D内 の「Pictures」－「Screenshots」フォルダに画像ファイルとして保存され、「フォト」アプリなどで見ることができます。

7

スクリーンショットを撮る

(1) 画面の上隅を長押しします。

タッチする

(2) 指を離すとスクリーンショットが実行されます。

(3) 画面下部にキャプチャした画像のサムネイルが表示され、画像が保存されます。

(4) 画像を編集する場合は、手順③の画面で、✐をタッチし、P.124〜125を参考に「フォト」アプリで画像を編集します。

(5) スクロールした画面の下まで画像として保存したい場合は、[キャプチャ範囲を拡大] をタッチして範囲を指定します。

7

画面のダークモードを
オフにする

Application

初期状態のSH-53Dでは、黒基調のダークモードが適用されています。目にやさしい上、消費電力も抑えられます。黒基調の画面が好みでない場合は、ダークモードをオフにしましょう。

ダークモードの設定を変更する

(1) アプリ一覧画面で [設定] をタッチします。

(2) 「設定」アプリが開くので、[ディスプレイ] をタッチします。

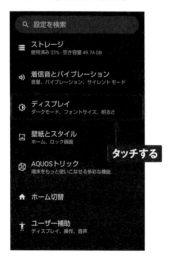

(3) [ダークモード] をタッチしてオフにします。

(4) ダークモードがオフになって、「設定」アプリ、Google検索バー、フォルダの背景、対応したアプリなどが白地で表示されるようになります。

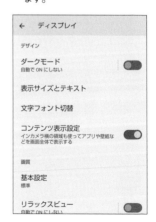

リラックスビューを設定する

Application

「リラックスビュー」を設定すると、画面が黄味がかった色合いになり、薄明りの中でも画面が見やすくなって、目が疲れにくくなります。暗い室内で使うと効果的でしょう。

リラックスビューを設定する

1 P.170手順③の画面で、[リラックスビュー] をタッチします。

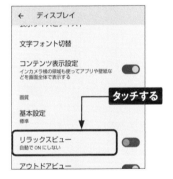

← ディスプレイ

文字フォント切替

コンテンツ表示設定
インカメラ横の領域も使ってアプリや壁紙などを画面全体で表示する

画質

タッチする

基本設定
標準

リラックスビュー
自動で ON にしない

アウトドアビュー

2 [リラックスビューを使用] をタッチします。

リラックスビュー

リラックスビューを利用すると画面が黄味がかった色になります。薄明かりの下でも画面を見やすくなり、寝付きを良くする効果も期待できます。

リラックスビューを使用

黄味の強さ

スケジュール
使用しない

タッチする

3 「黄味の強さ」の● を左右にドラッグすることで、色合いを調節できます。

リラックスビュー

リラックスビューを利用すると画面が黄味がかった色になります。薄明かりの下でも画面を見やすくなり、寝付きを良くする効果も期待できます。

リラックスビューを使用

黄味の強さ

ドラッグする

⚠ 日の入りと日の出の時刻を使用する

MEMO リラックスビューの自動設定

手順②の画面で [スケジュール] をタッチすると、リラックスビューに自動的に切り替わる時間を設定することができます。

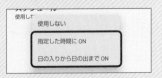

使用し～

使用しない

指定した時間に ON

日の入りから日の出まで ON

7

スリープモードになるまでの時間を変更する

Application

スリープモード（P.10参照）に入るまでの時間を設定することができます。なお、初期設定では「30秒」でスリープモードになるように設定されています。

スリープモードになるまでの時間を変更する

(1) アプリ一覧画面で［設定］をタッチします。

(2) 「設定」アプリが開くので［ディスプレイ］をタッチします。

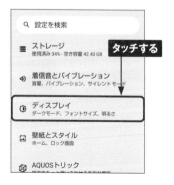

(3) ［画面消灯（スリープ）］をタッチします。

(4) スリープモードになるまでの時間を選んでタッチします。

指紋センサーで
アプリを起動する

Application

Payトリガーは、指紋認証で画面ロックを解除後に、タッチし続けて、
指定したアプリを起動する機能です。初期状態では「d払い」アプ
リが設定されていますが、好きなアプリに変更することができます。

Payトリガーを設定する

① P170手順②の「AQUOSトリッ
ク」の画面で [指紋センサーと
Payトリガー] をタッチします。

← AQUOSトリック

入力操作を便利にアシスト

指紋センサーとPayトリガー
すばやくロック解除や、アプリの起動ができます

タッチする

② [Payトリガー] をタッチします。

センサーを使って画面点灯やロック解除、アプリの
起動ができます

基本設定

指紋登録

タッチする

Payトリガー
Payトリガー
ロック解除時に指紋センサーに指を当て続ける
とアプリを起動します

③ [起動アプリ] をタッチします。

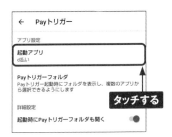

← Payトリガー

アプリ設定

起動アプリ
d払い

Payトリガーフォルダ
Payトリガー起動時にフォルダを表示し、複数のアプリか
ら選択できるようにします

タッチする

詳細設定

起動時にPayトリガーフォルダも開く

④ 起動するアプリを選んでタッチしま
す。

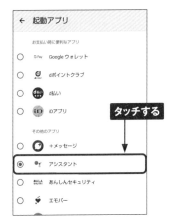

← 起動アプリ

お支払い時に便利なアプリ

○ G Pay Google ウォレット

○ d dポイントクラブ

○ d払い d払い

○ ID iDアプリ

タッチする

その他のアプリ

○ + メッセージ

◉ アシスタント

○ あんしんセキュリティ

○ エモパー

7

173

おサイフケータイを設定する

Application

SH-53Dはおサイフケータイ機能を搭載しています。電子マネーの楽天Edy、WAON、QUICPayや、モバイルSuica、各種ポイントサービス、クーポンサービスに対応しています。

おサイフケータイの初期設定を行う

(1) アプリ一覧画面を開いて、[おサイフケータイ]をタッチします。

タッチする

(2) 初回起動時はアプリの案内が表示されるので、[次へ]をタッチします。続いて、利用規約が表示されるので、「同意する」にチェックを付け、[次へ]をタッチします。「初期設定完了」と表示されるので[次へ]をタッチします。

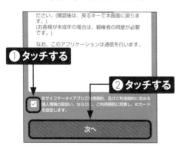

① タッチする
② タッチする

(3) Googleアカウントの連携についての画面で[次へ]→[ログインはあとで]をタッチします。

タッチする

(4) キャンペーンの配信についての画面で[次へ]をタッチします。

タッチする

⑤ サービスの一覧が表示されます。ここでは、[楽天Edy]をタッチします。

⑥ 詳細が表示されるので、[サイトへ接続]をタッチします。

⑦ 「Playストア」アプリの画面が表示されます。[インストール]をタッチします。

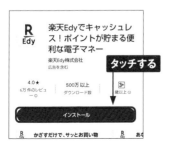

⑧ インストールが完了したら、[開く]をタッチします。

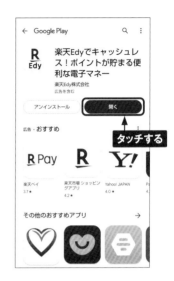

⑨ 「楽天Edy」アプリの初期設定画面が表示されます。画面の指示に従って初期設定を行います。

バッテリーや通信量の消費を抑える

Application

「バッテリーセーバー」や「データセーバー」をオンにすると、バッテリーや通信量の消費を抑えることができます。状況に応じて活用し、肝心なときにSH-53Dが使えないということがないようにしましょう。

バッテリーセーバーをオンにする

(1) 「設定」アプリを開いて、[バッテリー] をタッチします。

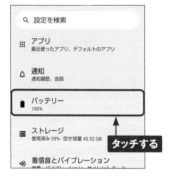

Q 設定を検索

:::　アプリ
　　　最近使ったアプリ、デフォルトのアプリ

△　通知
　　　通知履歴、会話

■　バッテリー
　　　100%

≡　ストレージ
　　　使用済み 29% - 空き容量 45.52 GB　　　**タッチする**

◁)　着信音とバイブレーション

(2) [バッテリーセーバー] をタッチします。

バッテリー

100%

充電が完了しました

健康度　　　　　　　　　　**タッチする**
良好

バッテリー使用量
前回のフル充電からの使用状況を表示する

バッテリー セーバー
10% で ON になります

(3) [バッテリーセーバーを使用する] をタッチしてオンにします。

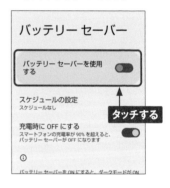

バッテリー セーバー

バッテリー セーバーを使用
する　　　　　　　　　　　●

スケジュールの設定
スケジュールなし　　　　　　**タッチする**

充電時に OFF にする
スマートフォンの充電率が 90% を超えると、　　●
バッテリー セーバーが OFF になります

(i)

バッテリー セーバーを ON にすると、ダークモードが ON

(4) 手順③の画面で [スケジュールの設定]をタッチすると、バッテリー残量によって自動的にオンにする設定を行うことができます。

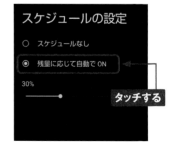

スケジュールの設定

○　スケジュールなし

◉　残量に応じて自動で ON

30%
●　　　　　　　　　　　　**タッチする**

 データセーバーをオンにする

① 「設定」アプリを開いて、[ネットワークとインターネット] をタッチします。

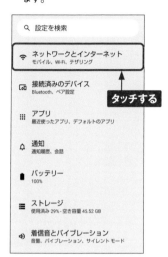

Q 設定を検索

📶 ネットワークとインターネット
モバイル、Wi-Fi、テザリング

┌ヲ 接続済みのデバイス
Bluetooth、ペア設定

タッチする

⋮⋮⋮ アプリ
最近使ったアプリ、デフォルトのアプリ

△ 通知
通知履歴、会話

■ バッテリー
100%

☰ ストレージ
使用済み 29% - 空き容量 45.52 GB

🔊 着信音とバイブレーション
音量、バイブレーション、サイレントモード

② [データセーバー] をタッチします。

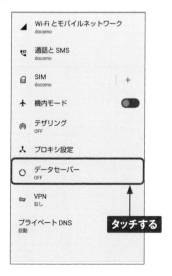

◢ Wi-Fi とモバイルネットワーク
docomo

📞 通話と SMS
docomo

🗐 SIM ┊ +
docomo

✈ 機内モード

◉ テザリング
OFF

⅄ プロキシ設定

◯ データセーバー
OFF

☞ VPN
なし

プライベート DNS
自動

タッチする

③ [データセーバーを使用] をタッチしてオンにします。[モバイルデータの無制限利用] をタッチします。

データセーバー

データセーバーを使用

モバイルデータの無制限利用
データセーバーが ON の場合に、無制限のデータ使用を1個のアプリに許可します

ⓘ
データセーバーは、一部のアプリによるバックグラウンドでのデータ送受信を停止することでデータ使用量を抑制します。使用中のアプリからデータを送受信することはできますが、その頻度は低くなる場合があります。この影響として、たとえば画像はタップしないと表示されないようになります。

❷ タッチする **❶ タッチする**

④ バックグラウンドでの通信を停止するアプリが表示されます。常に通信を許可するアプリがある場合は、アプリ名をタッチしてオンにします。

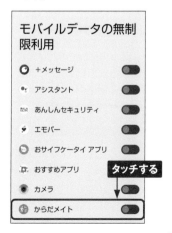

モバイルデータの無制限利用

🔵 +メッセージ

•: アシスタント

▦ あんしんセキュリティ

🗘 エモパー

◯ おサイフケータイ アプリ

🗗 おすすめアプリ **タッチする**

◉ カメラ

🗘 からだメイト

7

177

Application

Wi-Fiを設定する

自宅のアクセスポイントや公衆無線LANなどのWi-Fiネットワークがあれば、5G/4G（LTE）回線を使わなくてもインターネットに接続できます。Wi-Fiを利用することで、より快適にインターネットが楽しめます。

Wi-Fiに接続する

(1) 「設定」アプリを開いて、[ネットワークとインターネット] → [Wi-Fiとモバイルネットワーク]をタッチします。

(2) [Wi-Fi] がオフの場合は、タッチしてオンにします。

(3) 接続先のWi-Fiネットワークをタッチします。

(4) パスワードを入力し、[接続]をタッチすると、Wi-Fiネットワークに接続できます。

Wi-Fiネットワークを追加する

(1) Wi-Fiネットワークに手動で接続する場合は、P.180手順③の画面を上方向にスライドし、画面下部にある［ネットワークを追加］をタッチします。

```
+  ネットワークを追加              回線
                                   号+

ネットワーク設定
Wi-Fi は自動的に ON になります      タッチする

保存済みネットワーク
2件

モバイルデータ以外の通信量
2.83 GB 使用 (8月14日～9月11日)
```

(2) 「ネットワーク名」を入力し、「セキュリティ」の項目をタッチします。

```
ネットワークを追加

ネットワーク名
gupht|                            回線
                                   号+
セキュリティ
なし                                ▼
詳細設定                            ˅

①入力する        ②タッチする
```

(3) 適切なセキュリティの種類をタッチして選択します。

```
ネットワークを追加

ネットワーク名
gupht|                            回線
                                   号+
セキュリティ
なし                                ▼

なし

Enhanced Open            タッチする

WEP

WPA/WPA2-Personal
```

(4) 「パスワード」を入力して［保存］をタッチすると、Wi-Fiネットワークに接続できます。

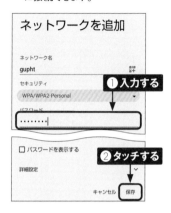

```
ネットワークを追加

ネットワーク名
gupht                             回線
                                   号+
セキュリティ
WPA/WPA2-Personal    ①入力する   ▼
パスワード
．．．．．．．．

□ パスワードを表示する      ②タッチする
詳細設定                           ˅

              キャンセル   保存
```

MEMO 本体のMACアドレスを使用する

Wi-Fiに接続する際、標準でランダムなMACアドレスが使用されます。アクセスポイントの制約などで、本体の固有のMACアドレスで接続する場合は、手順④の画面で［詳細設定］をタッチし、［ランダムMACを使用］→［デバイスのMACを使用］をタッチして切り替えます。固有のMACアドレスは「設定」アプリの［デバイス情報］をタッチし、「デバイスのWi-Fi MACアドレス」の表示で確認できます。

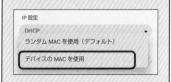

```
IP 設定

DHCP                               ▼

ランダム MAC を使用 (デフォルト)

デバイスの MAC を使用
```

Wi-Fiテザリングを利用する

Application

「Wi-Fiテザリング」は、モバイルWi-Fiルーターとも呼ばれる機能です。SH-53Dを経由して、同時に最大10台までのパソコンやゲーム機などをインターネットにつなげることができます。

Wi-Fiテザリングを設定する

(1) 「設定」アプリを開いて、[ネットワークとインターネット]をタッチします。

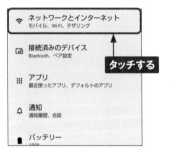

(2) [テザリング]をタッチします。

(3) [Wi-Fiテザリング]をタッチします。

(4) 自動的にネットワーク名とパスワードが設定されますが、変更したい場合は、それぞれをタッチして入力します。

7

(5) [Wi-Fiテザリングの使用] をタッチして、オンに切り替えます。

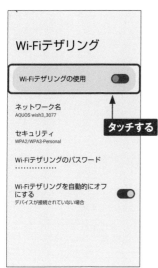

Wi-Fiテザリング

Wi-Fiテザリングの使用 ⬤

ネットワーク名
AQUOS wish3_3077

タッチする

セキュリティ
WPA2/WPA3-Personal

Wi-Fiテザリングのパスワード
. . . .

Wi-Fiテザリングを自動的にオフ
にする ⬤
デバイスが接続されていない場合

(6) ステータスバーに、Wi-Fiテザリング中を示すアイコンが表示されます。

10:21

←

Wi-Fiテザリング

アイコンが表示される

Wi-Fiテザリングの使用 ⬤

ネットワーク名
AQUOS wish3_3077

セキュリティ
WPA2/WPA3-Personal

Wi-Fiテザリングのパスワード
. . . .

Wi-Fiテザリングを自動的にオフ
にする ⬤
デバイスが接続されていない場合

(7) Wi-Fiテザリング中は、ほかの機器からSH-53Dのネットワーク名が見えます。タッチして、P.180手順④で設定したパスワードを入力して接続すると、SH-53D経由でインターネットにつなぐことができます。

インターネット

◢ NTT DOCOMO ⚙
接続済み / 4G+

Wi-Fi ⬤

▼ AQUOS wish3_3077 🔒

▼ Buffalo-A-D9D0 🔒

▼ ISC2113 🔒

▼ aterm-04745e-g 🔒

SH-53DのSSID

▽ Wi2

> 📝 **MEMO** テザリングオート
>
> 自宅などのあらかじめ設定した場所を認識して、自動的にテザリングのオン／オフを切り替える機能です。「設定」アプリの [AQUOSトリック] から設定することができます。
>
>
>
> ← テザリングオート
>
> 設定した場所にいる時のみWi-Fiテザリングが自動でONになり、いない時にはOFFになります。または、ONとOFFを逆に設定することもできます。
>
> 基本設定
>
> テザリングオート ⬤

7

Section **78**

Bluetooth機器を利用する

Application

Bluetooth対応のイヤフォン、スピーカー、キーボードなどの機器との接続（ペアリング）は以下の手順で行います。ほかに、Bluetoothは付近のスマートフォンと通信するのにも使われます。

Bluetooth機器とペアリングする

(1) あらかじめ接続したいBluetooth機器をペアリングモードにしておきます。アプリ一覧画面で、[設定]をタッチします。

(2) [接続済みのデバイス] をタッチします。

(3) [新しいデバイスとペア設定] をタッチします。

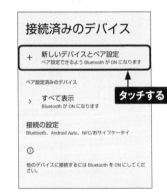

(4) 周辺にあるペアリング可能な機器がスキャンされます。

⑤ ペアリングする機器をタッチします。

⑥ キーボードを接続する場合は、表示されたペアリングコードをキーボードから入力します。

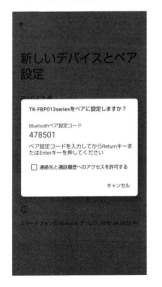

⑦ 機器との接続が完了します。機器名をタッチします。

⑧ 利用可能な機能を確認できます。なお、[接続を解除] をタッチすると、接続を解除できます。

Application

緊急情報を登録する

「緊急連絡先」には、非常時に通報したい家族や親しい知人を登録しておきます。また、「医療に関する情報」には、血液型、アレルギー、服用薬を登録しておきます。

緊急情報とは

「緊急連絡先」と「医療に関する情報」は、ロック解除の操作画面で［緊急通報］をタッチすると、誰にでも確認してもらえるので、ユーザーがケガをしたり急病になったりしたときに役立ちます。

緊急情報を登録する

(1) 「設定」アプリを開き、［緊急情報と緊急通報］をタッチします。

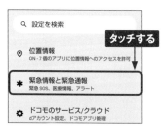

(3) ［＋連絡先の追加］をタッチします。

(2) ［緊急連絡先］をタッチします。

(4) 「連絡帳」から連絡先を選んで、←をタッチして戻ります。

5 手順②の画面で [医療に関する情報] をタッチし、必要な情報を入力します。←をタッチして戻ります。

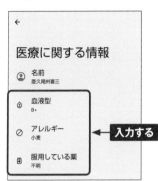

←

医療に関する情報

⊙ 名前
亜久尾州喜三

◈ 血液型
B+

⊘ アレルギー
小麦

← **入力する**

🗄 服用している薬
不明

MEMO 緊急SOS、災害アラート

「設定」アプリの「緊急情報と緊急通報」からは、緊急情報の登録のほかに、次の機能の設定と確認を行うことができます。万が一の場合に備えて、ぜひとも設定しておきましょう。

・「緊急SOS」
事件に巻き込まれた時に起動すると110番通報などをまとめて行うことができます。
・災害情報アラート
周辺の災害の公衆衛生機器が通知されます。
・緊急速報メール
気象庁が配信する「緊急地震速報」「津波警報」、国・地方公共団体が配信する「災害・避難情報」がメールと警告音で配信されます。

緊急情報を表示する

1 ロック解除の画面で [緊急連絡先] → [緊急情報を表示] をタッチします。

緊急

亜久尾州喜三

緊急情報を表示 >

タッチする

1	2	3
4	5	6
7	8	9
*	0	#

📞 発信

2 登録した「緊急連絡先」と「医療に関する情報」が表示されます。

← 緊急時情報

亜久尾州喜三

医療に関する情報

◈ 血液型
B+

⊘ アレルギー
小麦

緊急連絡先

👤 庄野 紬
携帯: 070-2222-1111 📞

情報を追加するには、緊急情報サービスアプリを開いてください。この情報はデバイスにアクセスできる人なら誰でも確認できます。

紛失したSH-53Dを探す

Application

SH-53Dを紛失してしまっても、パソコンやスマホからSH-53Dがある場所を確認できます。なお、この機能を利用するには、事前に位置情報を有効にしておく必要があります（P.100参照）。

「デバイスを探す」を設定する

① ホーム画面で［アプリ一覧ボタン］をタッチし、［設定］をタッチします。

③ ［デバイスを探す］をタッチします。

② 「設定」アプリで［セキュリティとプライバシー］をタッチします。

④ ［「デバイスを探す」を使用］をタッチしてオンにします。

📱 WebブラウザからSH-53Dを探す

① パソコンやスマホのWebブラウザでGoogleの「Googleデバイスを探す」（https://android.com/find）にアクセスします。

② ログイン画面が表示されたら、Sec.11で設定したGoogleアカウントを入力し、［次へ］をクリックします。パスワードの入力を求められたらパスワードを入力し、［次へ］をクリックします。

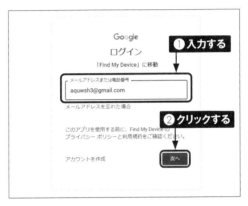

③ 「デバイスを探す」画面で［承認］をクリックすると、地図が表示され、現在SH-53Dがあるおおよその位置を確認できます。画面左の項目をクリックすると、音を鳴らしたり、本体内のデータを初期化したりできます。

SH-53Dを
アップデートする

Application

Androidスマートフォンは、システムソフトウェアのアップデートにより、最新の状態を保つことができます。アップデートでは、新機能の追加、不具合の修正、セキュリティの強化などが行われます。

システムアップデートを確認する

(1) 「設定」アプリを開いて、[システム] をタッチします。

(2) [システムアップデート] をタッチします。

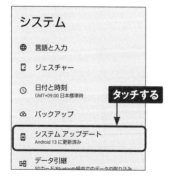

(3) [アップデートをチェック] をタッチします。

(4) アップデートがある場合、画面の指示に従い、アップデートを開始します。アップデートの完了後、本体を再起動します。

Section **82**

SH-53Dを初期化する

Application

SH-53Dの動作が不安定なときは、本体を初期化すると改善する場合があります。重要なデータを残したい場合は、事前にSec.54を参考にデータのバックアップを実行しておきましょう。

SH-53Dを初期化する

(1) 「設定」アプリを開いて、[システム] → [リセットオプション] の順にタッチします。

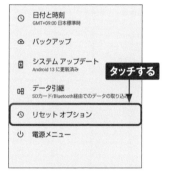

(3) メッセージを確認して、[すべてのデータを消去] をタッチします。画面ロックにPINを設定している場合(Sec.66参照)、PINの確認画面が表示されます。

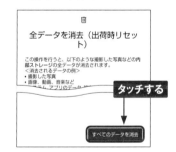

(2) [全データを消去(出荷時リセット)] をタッチします。

(4) [すべてのデータを消去] をタッチすると、SH-53Dが初期化されます。

7

索引

お問い合わせについて

本書に関するご質問については、本書に記載されている内容に関するもののみとさせていただきます。本書の内容と関係のないご質問につきましては、一切お答えできませんので、あらかじめご了承ください。また、電話でのご質問は受け付けておりませんので、必ずFAXか書面にて下記までお送りください。
なお、ご質問の際には、必ず以下の項目を明記していただきますようお願いいたします。

1 お名前
2 返信先の住所またはFAX番号
3 書名
（ゼロからはじめる ドコモ AQUOS wish3 SH-53D スマートガイド）
4 本書の該当ページ
5 ご使用のソフトウェアのバージョン
6 ご質問内容

なお、お送りいただいたご質問には、できる限り迅速にお答えできるよう努力いたしておりますが、場合によってはお答えするまでに時間がかかることがあります。また、回答の期日をご指定なさっても、ご希望にお応えできるとは限りません。あらかじめご了承くださいますよう、お願いいたします。ご質問の際に記載いただきました個人情報は、回答後速やかに破棄させていただきます。

■ お問い合わせの例

FAX

1 お名前
技術 太郎

2 返信先の住所またはFAX番号
03-XXXX-XXXX

3 書名
ゼロからはじめる
ドコモ AQUOS wish3
SH-53D スマートガイド

4 本書の該当ページ
20ページ

5 ご使用のソフトウェアのバージョン
Android 13

6 ご質問内容
手順3の画面が表示されない

お問い合わせ先

〒162-0846
東京都新宿区市谷左内町 21-13
株式会社技術評論社　書籍編集部
「ゼロからはじめる ドコモ AQUOS wish3 SH-53D スマートガイド」質問係
FAX番号　03-3513-6167
URL：https://book.gihyo.jp/116/

ゼロからはじめる

ドコモ AQUOS wish3 SH-53D スマートガイド

アクオス　ウィッシュスリー　エスエイチゴーサンディー

2023年11月24日　初版　第1刷発行
2024年 5月11日　初版　第2刷発行

著者 ………………………… 技術評論社編集部
発行者 ……………………… 片岡 巌
発行所 ……………………… 株式会社 技術評論社
　　　　　　　　　　　　　東京都新宿区市谷左内町 21-13
電話 ………………………… 03-3513-6150　販売促進部
　　　　　　　　　　　　　03-3513-6160　書籍編集部
編集 ………………………… 荻原 祐二
装丁 ………………………… 菊池 祐（ライラック）
本文デザイン ……………… リンクアップ
DTP ………………………… BUCH⁺
製本／印刷 ………………… 図書印刷株式会社

定価はカバーに表示してあります。

© 2023 技術評論社

ISBN978-4-297-13675-8　C3055

Printed in Japan